ATLAS OF THE BIRDS IN FUJIAN PROVINCE

福建省鸟纲图鉴 【上卷】

福建省林业局　主编

海峡出版发行集团
THE STRAITS PUBLISHING & DISTRIBUTING GROUP

福建科学技术出版社
FUJIAN SCIENCE & TECHNOLOGY PUBLISHING HOUSE

图书在版编目（CIP）数据

福建省鸟纲图鉴 / 福建省林业局主编 . —福州：
福建科学技术出版社，2022.12
ISBN 978-7-5335-6866-5

Ⅰ.①福… Ⅱ.①福… Ⅲ.①鸟纲－福建－图集
Ⅳ.① Q959.7-64

中国版本图书馆 CIP 数据核字（2022）第 222199 号

书　　名	福建省鸟纲图鉴
主　　编	福建省林业局
出版发行	海峡出版发行集团
	福建科学技术出版社
社　　址	福州市东水路 76 号（邮编 350001）
网　　址	www.fjstp.com
经　　销	福建新华发行（集团）有限责任公司
印　　刷	福州报业鸿升印刷有限责任公司
开　　本	889 毫米 ×1194 毫米　1/16
印　　张	40
字　　数	500 千字
版　　次	2022 年 12 月第 1 版
印　　次	2022 年 12 月第 1 次印刷
书　　号	ISBN 978-7-5335-6866-5
定　　价	596.00 元（全二册）

书中如有印装质量问题，可直接向本社调换

《福建省鸟纲图鉴》编委会

主 编 单 位：福建省林业局

主　　　编：王智桢

副 主 编：王宜美

执 行 主 编：刘伯锋　张　勇

执行副主编：郑丁团　王战宁　胡湘萍

编 写 人 员：张丽烟　张冲宇　赖文胜　李丽婷　胡明芳

　　　　　　陈　炜　施明乐　廖小军　郭　宁　林葳菲

　　　　　　余　海　黄雅琼　游剑滢　李　莉

摄　　　影：万　勇　王瑞卿　王臻祺　韦　铭　刘　辉

　　　　　　肖书平　吴群阵　张　闽　张　勇　陈　宁

　　　　　　陈向勇　陈秀兰　陈建全　陈跃生　林清贤

　　　　　　罗联周　郑丁团　郑　航　洪梓恩　徐克阳

　　　　　　凌继承　郭　宁　黄　海　黄雅琼　黄耀华

　　　　　　曹　垒　韩乐飞　廖金朋　潘标志　薛　琳

　　　　　　（按姓氏笔画排序）

部 分 供 图：鸟网　视觉中国　华东自然

设 计 单 位：海峡农业杂志社

目录

䴙䴘目 PODICIPEDIFORMES
䴙䴘科 Podicipedidae

鸮形目 STRIGIFORMES
鸱鸮科 Strigidae

草鸮科 Tytonidae

白眉山鹧鸪
zhè gū

Arborophila gingica

鸡形目 雉科

形态特征：体长约 30cm。额和头的前侧白色，向后扩展成一条白色具黑斑的眉纹，延伸至后颈，头顶栗色，颏、喉锈红色，下喉及胸具宽阔的黑、白、栗色半月形项领，背至尾橄榄褐色，胸及两胁铁灰色，两胁羽缘具栗斑，腹灰白色。

生活习性：栖息于海拔 700—900m 树木繁茂的山地，以种子、浆果和昆虫等为食。

保护级别：国家二级保护野生动物。

中华鹧鸪
zhè gū

Francolinus pintadeanus

鸡形目 雉科

形态特征： 体长约33cm。雄鸟头顶黑褐色，围以红褐色，黑色眼纹延伸至颈侧，眼圈黑色，眼先、颊部白色；上、下体黑色，有许多卵圆形白斑，下体斑点较大，肩羽栗红色，尾羽黑色，额和喉白色。雌鸟下体皮黄色带黑斑，上体多棕褐色。

生活习性： 栖息于丘陵地带。杂食性鸟类，主食昆虫，也食植物果实、种子和嫩芽。

ān chún
鹌鹑
Coturnix japonica

鸡形目 雉科

形态特征：体长约 18cm。身体滚圆，上体具褐色与黑色横斑及皮黄色矛状长条纹，下体皮黄色，胸及两胁具黑色条纹，头具条纹及近白色的长眉纹。

生活习性：栖息于干燥而近水的地区。主食植物种子、浆果、幼芽和嫩叶等，也吃昆虫。

蓝胸鹑 ^(chún)

Synoicus chinensis

鸡形目 雉科

形态特征： 体长约 14cm。翅较尖，尾短。雄鸟额、眼纹、颈侧和胸部蓝色，眼先具白纹，颊部白色，颊纹黑色，喉部中央具一大型黑斑，围以白色，背羽具浅黄近白的羽干纹，腰部至尾下覆羽栗紫色。雌鸟头顶黑褐色，中央贯浅黄色纵纹，头和颈的内侧黄褐色、颔及喉的上部白色，下部浅黄褐色，上背暗棕褐色、具白色羽干纹，胸部和两胁黄褐色、具黑褐色细横斑，腹淡黄色。

生活习性： 栖息于平原地带河边的草地、沼泽地、竹林和稀疏的矮树丛中。主食植物种子，也吃昆虫和蜘蛛等。

灰胸竹鸡

Bambusicola thoracicus

鸡形目 雉科

形态特征： 体长约33cm。雄鸟额与眉纹灰色，眉纹粗大，延至上背，头、颈的两侧和颏、喉等栗红色，上体棕橄榄褐色，杂以显著栗斑；前胸蓝灰色，向上伸至两肩及上背，形成环状，环后缘以栗红色，后胸至尾下覆羽棕色，前浓后淡，至尾下覆羽复又浓些，两胁杂以黑褐色点斑，有时成横斑状。雌鸟体型稍小，跗跖无距。

生活习性： 栖息于2000m以下的山区和平原地带的灌丛、竹林、草地等。主食植物果实、种子或嫩叶，也吃昆虫。

黄腹角雉

Tragopan caboti

鸡形目 雉科

形态特征：体长约60cm。雄鸟额和头顶黑色，羽冠前黑色后橙红色，后颈黑色，经耳后向下延伸至肉裾周围，颈的两侧亦深橙红色，脸裸出部橙黄色，头上肉角淡蓝色，喉下肉裾中央橙黄色具紫红色点斑，边缘部钴蓝色，左右各有9个灰黄色块斑，上体多栗红色、具皮黄色卵圆斑，尾羽黑褐色，密杂以黄斑并具宽阔的黑端，下体皮黄色。雌鸟上体棕褐色、具黑色和棕白色矢状斑，头顶黑色较多，尾上黑色横斑状，下体淡皮黄色，胸多黑色粗斑，腹多大形白斑。

生活习性：常栖息于海拔1000—1600m的山地，营巢在树上。主食植物种子、果实、幼芽及嫩叶等，也吃昆虫。

保护级别：国家一级保护野生动物。

勺鸡

Pucrasia macrolopha

鸡形目 雉科

形态特征： 体长约 61cm。雄鸟头部呈金属暗绿色，具棕褐色和黑色长冠羽，颈部两侧各有一白色斑，额、喉等均为黑色，上体羽毛披针形，呈灰色和黑色纵纹，下体中央至下腹深栗色。雌鸟体羽棕褐色，冠羽棕色，杂以黑斑，眉纹宽阔，向后延伸至后颈，棕白色而密缀黑点，额、喉及耳羽下具大块白斑。

生活习性： 栖息于针阔混交林，雌雄成对活动，很少结群。主食植物果实、种子、叶等，也食大型真菌。

保护级别： 国家二级保护野生动物。

白鹇
^{xián}

Lophura nycthemera

鸡形目 雉科

形态特征：体长约122cm。雄鸟头上的羽冠及下体全部纯蓝黑色，上体和两翅均白，满布整齐的"V"状黑纹，尾羽白色甚长，外侧尾羽具黑纹。雄性幼鸟头顶乌褐色，冠羽短，上体棕褐色，在后颈、背和尾上覆羽有些羽毛转近白色，均密杂虫蠹状黑纹，尾较成鸟短，呈淡褐色至白色，杂以粗细不等的黑纹，额和喉黑褐色，胸以下灰白、具黑斑和"V"形黑纹，下腹纯灰白色，无斑。雌鸟上体棕褐色，外侧尾羽黑褐色、具白色波状斑，下体亦棕褐色，额和喉稍淡，下腹两侧具白色羽干纹。

生活习性：栖息于山地林下层。主食昆虫，植物果实、种子、嫩叶，以及苔藓等。

保护级别：国家二级保护野生动物。

白颈长尾雉

Syrmaticus ellioti

鸡形目 雉科

形态特征： 体长约 81cm。雄鸟额、头顶及枕部淡橄榄褐色，侧颈白色，脸裸出部红色，颏、喉及前颈均黑色，上背、翅和胸均栗色，翅具白斑，下背和腰黑色、具白斑，腹部白色，尾灰色具宽阔栗斑，尾下覆羽绒黑色。雌鸟体羽棕褐色，上体满杂以黑色斑纹，背部具白色矢状斑，腹棕白色，尾羽大多栗色、具栗褐色斑点和横斑。

生活习性： 栖息于山地及山谷间的林地，成对或结小群活动。主食植物种子、果实、嫩叶等。

保护级别： 国家一级保护野生动物。

环颈雉

Phasianus colchicus

鸡形目 雉科

形态特征：体长的 85cm。雄鸟前额和上嘴基部的羽毛黑色，头顶呈青铜褐色，两侧有白色眉纹，眼周和颊部裸出皮肤绯红色，耳羽簇黑色闪蓝，可耸立，颈部黑色而有绿色或紫色金属反光，颈部下方有一白色颈环，于前端中断，上背浅金黄色、具 "V" 形黑纹；下背及腰浅蓝灰色，尾羽黄灰色、具有黑色横斑；胸部呈带紫的铜红色，有金属反光；两胁淡黄色，具黑斑，腹部黑褐色，尾下覆羽栗色。雌鸟上体为黑色、栗色及沙褐色相混杂，头顶和后颈均黑，尾羽栗褐色、具有黑色横斑，颏、喉棕白色，下体余部浅沙黄色，胸和两胁有黑斑。

生活习性：栖息于山区灌木丛、草丛及林缘草地等处。食性杂，主食草茎、草芽及昆虫。

栗树鸭

Dendrocygna javanica

雁形目 鸭科

形态特征: 体长约40cm。头顶深褐色,头及颈皮黄色,背褐色、具棕色扇贝形纹,下体红褐色。虹膜棕褐色,眼圈橘黄色,脚及颈较长,嘴、脚均为黑色。

生活习性: 栖息于湖泊、水库、沼泽和稻田。以植物种子及嫩茎、叶为食。

保护级别: 国家二级保护野生动物。

鸿雁
Anser cygnoid

雁形目 鸭科

形态特征： 体长约90cm。黑色长喙与前额成一直线，喙基疣状突不显且与额基之间有一条狭窄的白色细纹。头顶至后颈到上背棕褐色，前颈近白色，与后颈界线明显，体羽浅棕褐色、具白色横纹，臀及尾下覆羽白色。虹膜红褐色或金黄色，脚橙黄色或橙红色。

生活习性： 集群栖息于湖泊、海岸沼泽、农田和草地。主食植物的叶、芽和藻类等，也吃少量甲壳类和软体动物。

保护级别： 国家二级保护野生动物。

豆雁

Anser fabalis

雁形目 鸭科

形态特征： 体长约 80cm。通体具有白色和黑色横纹，腰及尾下覆羽白色，颏喉和胸腹色较浅。喙黑、具有橘黄色次端条带，喙尖端黑色。颈长，头较扁。虹膜红褐色，脚橘黄色。

生活习性： 集群栖息在湖泊、沿海沼泽、水库、河流、农田和草地。主食芦苇和小灌木等植物的嫩芽、嫩叶。

短嘴豆雁

Anser serrirostris

雁形目 鸭科

形态特征: 体长约 75cm。与豆雁相近,但体型较小,喙较短,下喙基部较厚,颈较粗短,头较圆,喙灰黑色,前端具橙黄色横斑,尖端黑色。脚橘黄色。

生活习性: 集群栖息于湖泊、沼泽、水库、河流,偏好于稻田、草滩。主食植物嫩叶和幼芽,也吃软体动物。

灰雁

Anser anser

雁形目 鸭科

形态特征：体长约80cm。通体灰褐色，粉红色的喙和脚为本种特征。喙基无白色，上体体羽灰色而羽缘白色，呈扇贝形图纹。头、胸和下腹颜色较浅，下腹无黑斑，臀及尾下覆羽白色。虹膜黑褐色。

生活习性：集群栖息于水生植物丰富的淡水水域，栖居于疏树草原、沼泽及湖泊。取食于矮草地及农田。主食野草和种子，也吃虾、螺。

白额雁

Anser albifrons

雁形目 鸭科

形态特征： 体长 70—85cm。通体灰褐色、具白色和黑色横斑，腹部具多少不一的黑色粗条斑，臀及尾下覆羽白色，喙基至前额有白斑环绕嘴基，白环较圆。虹膜黑褐色，无明显眼圈，喙粉红色，脚橘黄色。

生活习性： 集群栖息于湖泊、水库、沼泽、河流和农田。以植物为食。

保护级别： 国家二级保护野生动物。

小白额雁

Anser erythropus

雁形目 鸭科

形态特征：体长约 60cm。形态与白额雁非常相似，但体型略小，喙较短，颈也较短。喙基至前额白斑延伸至额部，面积较白额雁更显大而尖。虹膜黑褐色，有金黄色眼圈，喙粉红色，脚橘黄色。

生活习性：集群栖息于湖泊、水库、沼泽、河流和农田。以植物为食。

保护级别：国家二级保护野生动物。

左小白额雁 右白额雁

斑头雁
Anser indicus

雁形目 鸭科

形态特征： 体长 62—85cm。通体大都灰褐色，头和颈侧白色，头顶有两道黑色带斑，颈两侧各有一条白色纵纹，背部淡灰褐色，具棕色鳞状斑，额和喉污白色，胸部逐渐变为灰色，胁羽暗灰色、具暗栗色宽阔羽端斑。雌鸟体较小。

生活习性： 繁殖于高原湖泊，越冬于低地湖泊、河流和沼泽，福建仅记录于汀江国家湿地公园，栖息于稻田。主食水草等植物叶、茎和种子，也吃贝类、软体动物和其他小型无脊椎动物。

黑雁
Branta bernicla

雁形目 鸭科

形态特征：体长约 60cm。灰色的颈部两侧具特征性白色图纹，有时在前颈形成半领。胸侧多近白色纹，尾下羽白色。虹膜褐色，嘴和脚黑色。

生活习性：与其他雁混群，多栖息于砂质或泥质海湾、河口、咸水沼泽，也会出现于内陆草地或农田，主食海草。

小天鹅

Cygnus columbianus

雁形目 鸭科

形态特征： 体长 110—130cm。全身洁白，形态似大天鹅，但个体较小，喙基部黄色区域较大天鹅小，上喙侧黄色不超过鼻孔且前缘，不显尖长，喙锋为黑色。虹膜褐色，喙黑色带黄色喙基，脚黑色。

生活习性： 集群栖息于芦苇、水草等水生植物多的湖泊、水库、沼泽、河口和宽阔的河流，也出现于草滩和农田中。主食水生植物叶、根、茎和种子。

保护级别： 国家二级保护野生动物。

大天鹅

Cygnus cygnus

雁形目 鸭科

形态特征：体长 120—160cm。全身洁白，仅头稍沾棕黄色。喙黑，喙基有大片黄色延伸至上喙侧、鼻孔之下，形成尖形。游泳时颈较直。虹膜暗褐色，脚黑色。幼鸟全身灰褐色，头和颈部较暗，下体、尾和飞羽较淡，嘴基部粉红色，嘴端黑色。

生活习性：集群栖息于芦苇、水草等水生植物多的湖泊、水库、沼泽、河口和宽阔的河流。主要以水生植物叶、茎、种子和根茎为食。

保护级别：国家二级保护野生动物。

liú
瘤鸭

Sarkidiornis melanotos

雁形目 鸭科

形态特征：体长约60cm。雄鸟喙上有凸显的黑色肉质瘤，白色的头部和颈部上布满黑色小点，黑色的上体闪现金属绿色及铜色光泽。雌鸟似雄鸟，体型甚小，无肉质瘤。虹膜褐色，喙黑色，脚灰色。

生活习性：栖息于林木稀疏的开阔森林和森林附近的湖泊、河流、水塘和沼泽地带。善游泳及潜水。主食种子、昆虫和淡水甲壳类，也吃小鱼。

翘鼻麻鸭

Tadorna tadorna

雁形目 鸭科

形态特征： 体长约 60cm。绿黑色光亮的头部与鲜红色的喙及额基部隆起的皮质肉瘤对比强烈。上背至胸具一条宽阔的栗色环带，其余体羽白色。虹膜深色，喙及脚均为红色。雌鸟喙基无皮质肉瘤或很小。

生活习性： 集群活动于湖泊、水库、河口、海湾和草原等多种生境。觅食时会站在浅水区，用喙左右摆动取食，也会在泥中挖刨取食。杂食性，食物包括昆虫、贝类、小鱼、植物叶片、种子及藻类等。

赤麻鸭

Tadorna ferruginea

雁形目 鸭科

形态特征：体长约60cm。雄鸟全身栗黄色，颈部具
狭窄黑色颈环，翼上具大块白色斑，飞行时白色的
翅上覆羽及铜绿色翼镜明显可见。雌鸟似雄鸟，但
无黑色颈环。虹膜褐色，喙近黑色，脚黑色。

生活习性：栖息于内地湖泊、河流、沼泽、草地及
淡水水域。繁殖于洞中、崖壁或树上。杂食性，食
物包括谷物、水生植物、昆虫、小鱼、虾等。

鸳鸯

Aix galericulata

雁形目 鸭科

形态特征： 体长约 40cm。雄鸟有醒目的白色眉纹，金色颈、颈部具丝状羽，拢翼后形成可直立的独特棕黄色炫耀性帆状饰羽。雌鸟灰褐色，眼圈白色，眼后有一白色眼纹，翼镜同雄鸟但无帆状饰羽，胸至两胁具暗褐色鳞状斑。虹膜褐色，喙（雄）红色，喙（雌）灰色，脚近黄色。

生活习性： 集群栖息于山地森林间的湖泊、水库、沼泽和河流中，也常于陆上活动，常栖息于高大的阔叶树上，于树洞中营巢。

保护级别： 国家二级保护野生动物。

棉凫
fú

Nettapus coromandelianus

雁形目 鸭科

形态特征： 体长约30cm。雄鸟前额至头顶、上背、两翼及尾深绿色，具深绿色颈环和肩带，两翼边缘及其他部位乳白色。雌鸟较雄鸟暗淡，上背、两翼及尾为黄褐色，两翼无白色边缘，其他部位皮黄色，有暗褐色过眼纹。虹膜（雄）红色，虹膜（雌）深褐色，喙灰黑色，脚灰色。

生活习性： 在河流、湖泊、鱼塘中的水生植物间游动觅食，繁殖期单独或成对活动，营巢于树洞，迁徙时集群。

保护级别： 国家二级保护野生动物。

赤膀鸭

Mareca strepera

雁形目 鸭科

形态特征： 体长约50cm。雄鸟嘴黑、头棕、尾黑，翼镜白色、具棕红色斑，通体灰色并密布蠕虫状白色细纹。雌鸟通体灰褐色、具黄褐色点斑，腹部白色。嘴侧橘黄色。脚橘色。

生活习性： 多成群活动于淡水河流、湖泊和沼泽水域，喜多水生植物的生境，常与其他鸭混群。越冬于沿海湿地。主食绿色植物，也吃浆果和种子。

罗纹鸭

Mareca falcata

雁形目 鸭科

形态特征: 体长约50cm。头顶栗色,头侧至脸、颈侧铜绿色而泛金属光泽,喉及喙基部白色区别于绿翅鸭。颈基部具一细黑色横带,尾下覆羽黑褐色而侧面具三角形黄色斑块,翼镜墨绿色。雌鸟通体棕褐色,似赤膀鸭但嘴及腿暗灰色,头及颈色浅,两胁略带扇贝形纹,尾上覆羽两侧具皮草黄色线条,有铜棕色翼镜。虹膜褐色,喙黑色,脚暗灰色。

生活习性: 集群栖息于河流、湖泊、水库和沼泽等水域,常与其他鸭特别是中等体型鸭混群。越冬于沿海湿地。主食水生植物和种子。

赤颈鸭

Mareca Penelope

雁形目 鸭科

形态特征：体长约47cm。雄鸟头、颈栗色而带皮黄色冠羽，体羽余部多灰色，胸部粉红色，腹部白色，尾下覆羽黑色，翼镜绿色。雌鸟通体棕褐色或灰褐色，两胁红棕色，下腹白色，翼镜灰褐色。虹膜黑褐色，喙蓝灰色，脚黑色。

生活习性：喜活动于水生植物丰富的开阔水域，常与其他鸭类混群，常见于沿海湿地。主食植物根、茎。

绿眉鸭

Mareca americana

雁形目 鸭科

形态特征： 体长约50cm。雄鸟头和上体麻白色，头顶黄白色，眼至颈侧有一条宽的绿色眼纹，前胸至两胁粉褐色，尾下覆羽黑色，体后侧具一白斑，翼镜墨绿色。雌鸟体色类似赤颈鸭雌鸟，但翼镜为墨绿色，翼具大块白斑。虹膜褐色，喙灰色，脚蓝灰色。

生活习性： 栖息于河流、湖泊、水库和沼泽水域，会到稻田觅食。常与其他鸭类混群。罕见于沿海湿地。主食昆虫和植物。

绿头鸭

Anas platyrhynchos

雁形目 鸭科

形态特征： 体长约58cm。雄鸟头颈墨绿色而泛金属光泽，具白色颈环和栗红色胸部，其余体羽灰色，尾部黑色。雌鸟全身黄褐色而有斑驳褐色条纹，两胁和上背具鳞状斑，有深褐色贯眼纹。虹膜黑褐色，喙（雄）黄色而尖端深色，喙（雌）橘黄而染褐色，脚橘黄色。

生活习性： 常见于沿海湿地，也集群活动于淡水湖泊、河流、水库、沼泽、河口和稻田。杂食性，食物包括植物、谷物、昆虫、软体动物等。

斑嘴鸭

Anas zonorhyncha

雁形目 鸭科

形态特征： 体长约58cm。雌雄体羽相近，通体黄褐色，头和前颈色浅、具深色贯眼纹和下颊纹，头顶深褐色，上背和两胁呈浓密扇贝形，翼镜蓝色而泛紫色光泽。虹膜褐色，喙灰黑色而尖端黄色，脚红色。

生活习性： 集群活动于湖泊、河流、水库、养殖池塘、沼泽和沿海滩涂。主食水生植物叶、嫩芽、茎和藻类，也吃昆虫、软体动物。

针尾鸭

Anas acuta

雁形目 鸭科

形态特征： 体长约55cm。尾长而尖，雄鸟头棕色，前颈至胸白色，两胁具灰色蠕虫状斑，下腹白色，两翼灰色具绿色翼镜。雌鸟暗淡褐色，上体多黑斑，下体皮黄色，胸部具黑点，两翼灰而翼镜褐。与其他雌鸭区别于头淡褐色，尾形尖。虹膜褐色，喙蓝灰色，脚灰色。

生活习性： 多集群活动于湖泊、沼泽、河口，也会到稻田觅食。主食种子、螺和昆虫。

绿翅鸭

Anas crecca

雁形目 鸭科

形态特征: 体长约37cm。雄鸟头至颈深棕色,眼部具一宽阔带金黄色边缘的墨色眼罩,一直延伸至颈侧;肩羽具一道长条形白色带纹,两胁具蠕虫状细纹,尾下覆羽黑色且两侧具一黄色块斑,翼镜墨绿色,其余体羽灰褐色。雌鸟通体灰褐色,头部颜色较淡并具深色贯眼纹,翼镜墨绿色。虹膜褐色,喙灰黑色,脚黑褐色。

生活习性: 多集群活动于沿海滩涂,湖泊、水库、沼泽、河流、水田和养殖池塘,适应性强。主食谷物、种子和软体动物。

琵嘴鸭

Spatula clypeata

雁形目 鸭科

形态特征： 体长约50cm。喙长而末端呈匙形。雄鸟头深绿色而泛紫色光泽，胸及两胁白色，下腹栗红色，尾黑色，翼具大块蓝灰色斑，翼镜绿色。雌鸟棕褐色、具鳞状斑，有深色贯眼纹，翼镜绿色。虹膜褐色，喙（雄）灰黑色，喙（雌）橙黄色染褐色，脚橘红色。

生活习性： 多集群活动于沿海滩涂、湖泊、水库、沼泽、河流和养殖池塘。喙左右摆动滤食水下食物。主食甲壳动物、鱼卵和蛙。

白眉鸭

Spatula querquedula

雁形目 鸭科

形态特征：体长约40cm。雄鸟头、胸、背棕褐色，头具宽阔的白色眉纹；两胁灰白色，具黑白色形长的肩羽；翼镜为闪亮绿色带白色边缘。雌鸟灰褐色而显暗淡，两胁具鳞状斑，翼镜暗橄榄色带白色羽缘。虹膜栗色，喙黑色，脚蓝灰色。

生活习性：集群活动于沿海湿地、湖泊、河流、养殖池塘，也会到稻田觅食。主食种子和谷物。

花脸鸭

Sibirionetta formosa

雁形目 鸭科

形态特征：体长约42cm。雄鸟头顶色深，纹理特征独特，前半部分为月牙形黄色斑块，后半部分墨绿色；多斑点的胸部染棕色，两胁具鳞状纹；肩羽形长，中心黑而上缘白，翼镜铜绿色，臀部黑色。雌鸟喙基具白点，脸侧有白色月牙形斑块。虹膜褐色，喙灰色，脚灰色。

生活习性：集群栖息于湖泊、水塘、河口和稻田，越冬栖息于沿海湿地。

保护级别：国家二级保护野生动物。

赤嘴潜鸭

Netta rufina

雁形目 鸭科

形态特征： 体长约55cm。雄鸟繁殖期锈色的头部和橘红色的嘴与黑色的前半身成对比；两胁白色，尾部黑色，翼下羽白色；非繁殖期似雌鸟但嘴为红色。雌鸟褐色，两胁无白色，脸下、喉及颈侧白色；额、顶盖及枕部深褐色，眼周色深。虹膜红褐色，喙（雄）橘红色，喙（雌）黑色带黄色嘴尖，脚（雄）粉红色，脚（雌）灰色。

生活习性： 集群活动于湖泊、水库及缓水河流。常潜水取食水生植物。

红头潜鸭

Aythya ferina

雁形目 鸭科

形态特征：体长约46cm。雄鸟栗红色的头部与亮灰色的嘴、黑色的胸部及上背成对比；腰黑色，但背及两胁显灰色。雌鸟全身棕褐色，两胁及下体灰色，眼周皮黄色。虹膜（雄）红色，虹膜（雌）灰褐色，喙灰色而端黑，脚灰色。

生活习性：集群活动于水生植物茂密的湖泊、水库、沼泽和河流，常与其他潜鸭混群。潜水取食水生植物。

青头潜鸭

Aythya baeri

雁形目 鸭科

形态特征：体长约45cm。雄鸟头部墨绿色具光泽，上背、颈至前胸栗棕色，上体黑褐色，翼暗褐色而翼镜白色，两胁栗褐色，尾下覆羽白色，腹部白色且延至两胁，与栗褐色相间形成白色不明显的纵纹。雌鸟全身黑褐色，头部显黑，喙基具一栗褐色斑，翼镜和尾下覆羽白色。与白眼潜鸭的区别在于其两胁具白色齿状纹。虹膜（雄）白色，虹膜（雌）暗褐色，喙灰褐色，脚灰色。

生活习性：集群栖息于湖泊、水库、沼泽、平缓河流，喜浮水植物和芦苇地。

保护级别：国家一级保护野生动物。

白眼潜鸭

Aythya nyroca

雁形目 鸭科

形态特征：体长约40cm。全身深色，仅眼及尾下羽白色。雄鸟头、颈、胸及两胁浓栗色，眼白色。雌鸟暗烟褐色，眼色淡，侧看头部羽冠高耸。与青头潜鸭区别在于其两胁褐色为主，少白色。虹膜（雄）白色，虹膜（雌）褐色，喙蓝灰色，脚灰色。

生活习性：成对或集小群活动于湖泊、水库、沼泽和河流，较少出现于咸水水域。杂食性，以水生植物和鱼虾贝类为食。

凤头潜鸭
Aythya fuligula

雁形目 鸭科

形态特征： 体长约42cm。雄鸟上体黑色，头泛紫色光泽且具长羽冠，翼镜、两胁及下腹白色。雌鸟通体棕褐色，头无光泽，具长羽冠但较雄鸟短，下腹色浅，两胁有时染白，喙基白斑从不明显至特别显现。虹膜黄色，喙及脚灰色。

生活习性： 集群活动于水生植物丰富的湖泊、水库、沼泽、河口和养殖池塘。主食软体动物、虾、蟹、小鱼，也吃水生植物。

斑背潜鸭

Aythya marila

雁形目 鸭科

形态特征： 体长约48cm。雄鸟头、颈、胸及尾部黑色，头圆且膨大、泛墨绿色光泽，背部白色并具波浪状黑褐色细纹，形成"斑背"，下腹、两胁及翼镜白色。雌鸟棕褐色，两胁褐色较浅，喙基处具一宽的白色环斑，翼镜和下腹白色，似凤头潜鸭但无羽冠。虹膜黄白色，喙灰蓝色，脚灰色。

生活习性： 集群活动于湖泊、河流、养殖池塘和沿海湿地，常与其他潜鸭混群。主食昆虫、鱼、虾和软体动物。

斑脸海番鸭

Melanitta fusca

雁形目 鸭科

形态特征：体长约56cm。雄鸟全黑，眼下及眼后有白斑。雌鸟烟褐色，眼和嘴之间及耳羽上各有一白斑，次级飞羽白色有别于黑海番鸭。虹膜（雄）白色，虹膜（雌）褐色，喙（雄）基有黑色肉瘤，其余为粉红色及黄色，喙（雌）近灰色；脚粉色。

生活习性：活动于湖泊、水塘、砂质海岸和卵石海岸，善于潜水。主食贝类、甲壳动物。

黑海番鸭

Melanitta americana

雁形目 鸭科

形态特征：体长约50cm。雄鸟全身黑色，喙基有大块黄色肉瘤。雌鸟烟灰褐色，头顶及枕部黑色，脸和前颈皮灰黄色。虹膜深褐色，喙灰色，脚深红色。

生活习性：越冬于海湾、港口、河口和沙质海岸。主食甲壳动物和软体动物。

长尾鸭

Clangula hyemalis

雁形目 鸭科

形态特征：体长约58cm。雄鸟黑、灰、白色，胸黑，颈侧有大块黑斑，黑色的中央尾羽形长。雌鸟主要为褐色，头顶黑色，颈侧有黑斑，腹部白色。虹膜暗黄色，喙（雄）灰色且近嘴尖有粉红色带，喙（雌）纯灰色，脚灰色。

生活习性：活动于沿海，离岸较远，偶尔到水深的淡水湖泊。善于游泳和潜水。主食昆虫、小鱼和软体动物。

鹊鸭

Bucephala clangula

雁形目 鸭科

形态特征：体长约48cm。头大而高耸，眼金色。雄鸟胸腹白色，次级飞羽极白，喙基部具大的白色圆形点斑，头余部黑色闪绿光，背黑色，肩羽黑白相间，尾上覆羽及尾黑色，下体余部白色。雌鸟头褐色，躯干整体暗褐色，体侧可见白色翼斑。虹膜黄色，喙近黑色，脚黄色。

生活习性：活动于内陆湖泊、河流和沿海湿地。主食蛤类。

斑头秋沙鸭

Mergellus albellus

雁形目 鸭科

形态特征： 体长约42cm。雄鸟头颈白色，延长形成羽冠，眼周和眼先黑色，枕部两侧黑色，背黑色，下体白色，两胁具灰褐色波浪状细纹。雌鸟额、头顶一直到后颈栗色，眼先和脸黑色，颊、颈侧、颏和喉白色，背至尾上覆羽黑褐色，肩羽灰褐色，两胁灰褐色。虹膜（雄）红色，虹膜（雌）褐色，喙和脚（雄）铅灰色，喙和脚（雌）绿灰色。

生活习性： 栖息于湖泊、河流、林间沼泽和开阔水面，较少出现于海湾。

保护级别： 国家二级保护野生动物。

普通秋沙鸭

Mergus merganser

雁形目 鸭科

形态特征： 体长约68cm。细长的喙具钩，雄鸟头、上颈和上背墨绿色，翼上具大块白斑，体侧纯白色。雌鸟头、上颈栗褐色，上体灰色，下体白色，头棕色而颏白。虹膜暗褐色，喙狭长而尖端带钩，呈红色，脚红色。

生活习性： 活动于湖泊、河流、河口、水库和养殖池塘，较少出现于海上。潜水取食，将头伸入水下寻找食物。主食鱼类。

红胸秋沙鸭

Mergus serrator

雁形目 鸭科

形态特征： 体长约53cm。细长的喙具钩，丝质冠羽长而尖。雄鸟头、上颈墨绿色，上背黑色，腰和尾羽灰色，下体白色，两胁具灰色蠕虫状细纹。与其他秋沙鸭的区别在于胸部深棕色。雌鸟头棕褐色，向下渐变成颈部灰白色、具白色眼圈，眼先上黑下白。虹膜红色，喙暗红色，尖端暗褐色，脚橘红色。

生活习性： 越冬于海面或近海水体，也活动于湖泊、河流和水库。主食鱼类。

中华秋沙鸭

Mergus squamatus

雁形目 鸭科

形态特征： 体长约58cm。窄长的喙具钩。雄鸟头、颈黑色而泛绿色光泽，具长冠羽，背黑色，下体和前胸白色；前胸白色有别于红胸秋沙鸭，两胁具黑色鳞状纹，有别于普通秋沙鸭。雌鸟头、颈栗褐色，羽冠较短，眼先和过眼纹深褐色，上体灰褐色，前胸和下体白色，两胁具鳞状纹。虹膜褐色，喙红色，脚橘红色。

生活习性： 栖息于湖泊、河流、水库。繁殖于树洞内。潜水捕食鱼类。

保护级别： 国家一级保护野生动物。

小鹏䴘
^{pì tī}

Tachybaptus ruficollis

鹏䴘目　鹏䴘科

形态特征：体长约27cm。繁殖期成鸟头顶和上体黑褐色，颊部、前颈和颈侧栗红色，下体、胸部灰白色，具明显黄色喙斑。非繁殖期头顶和上体灰褐色，其余为灰白色。虹膜黄色，喙黑色而尖端黄色，脚灰黑色。

生活习性：活动于湖泊、河流、水库、养殖池塘和沼泽。善游泳、潜水，以水生昆虫、鱼虾为食。

赤颈䴙䴘
Podiceps grisegena

䴙䴘目 䴙䴘科

形态特征： 体长约45cm。体形粗圆，繁殖期成鸟头顶和上体黑褐色，颊部灰白色，颈和前胸栗红色，下体白色，喙基部具有特征性黄色斑块。非繁殖期头顶和上体灰褐色，其余为灰白色。虹膜褐色，喙黑色，基部黄色，脚黑色。

生活习性： 栖息于湖泊、河流、水库、养殖池塘和沼泽，喜在水下捕食，善潜水。

保护级别： 国家二级保护野生动物。

凤头䴙䴘
^{pì tī}

Podiceps cristatus

䴙䴘目 䴙䴘科

形态特征： 体长约50cm。体型优雅而颈修长，具显著深色羽冠。颈部羽毛延长成栗色翎领。眼先中央有一块皮肤裸出。颊、喉黄白色。背、肩和腰部黑褐色，并染棕褐色。外侧肩羽白色。下体羽自下喉部均呈银白色，体侧褐色。雌鸟体羽类似雄鸟，羽色不如雄鸟鲜艳。虹膜近红色，喙黄色，喙峰近黑，下颚基部带红色，脚近黑色。

生活习性： 栖息于湖泊、河流、水库、沼泽和养殖池塘。主食昆虫、水生无脊椎动物，偶尔吃水生植物。

角䴙䴘
^{pì tī}

Podiceps auritus

䴙䴘目 䴙䴘科

形态特征： 体长约33cm。体态紧实，略具冠羽。繁殖期有清晰的橙黄色过眼纹及冠羽，与黑色头成对比并延伸过颈背，前颈及两胁深栗色，上体多黑色。冬羽比黑颈䴙䴘脸上多白色，喙不上翘，头显略大而平。偏白色的喙尖有别于其他䴙䴘，但似体型较小的小䴙䴘。虹膜红色，眼圈白色，喙黑色、端偏白，脚黑色或灰色。

生活习性： 栖息于湖泊、水库、养殖池塘和河流等开阔水面，主食鱼、蛙和昆虫等，偶食水生植物。

保护级别： 国家二级保护野生动物。

黑颈鸊鷉
^{pì} ^{tī}

Podiceps nigricollis

鸊鷉目 鸊鷉科

形态特征： 体长约30㎝。繁殖期成鸟具松软的黄色耳簇，延伸至耳羽后，前颈黑色，喙较角鸊鷉上扬。冬羽与角鸊鷉的区别在于黑颈鸊鷉的喙全深色，且深色的顶冠延至眼下。颏部白色延伸至眼后呈月牙形，飞行时无白色翼覆羽。幼鸟似冬季成鸟，但褐色较重，胸部具深色带。虹膜红色，眼圈白色，喙黑色，脚灰黑色。

生活习性： 栖息于湖泊、河流、水库、养殖池塘及沿海，主要通过潜水觅食，主食水生无脊椎动物和少量水生植物。

保护级别： 国家二级保护野生动物。

山斑鸠

Streptopelia orientalis

鸽形目 鸠鸽科

形态特征： 体长约32cm。头颈灰褐色而带葡萄酒色，额和头顶蓝灰色，颈两侧有杂以蓝灰色的黑斑，上背褐色，下背和腰均蓝灰色，尾羽褐色，肩羽具显著红褐色羽缘，下体酒红色，颏和喉粉红色，腹部淡灰色，两胁、腋羽及尾下覆羽均蓝灰色。

生活习性： 栖息于多树地区，常结群活动。植食性，主食植物种子、果实和嫩叶。

灰斑鸠

Streptopelia decaocto

鸽形目 鸠鸽科

形态特征： 体长约32cm。上体灰褐色，后颈有一道半月状的黑色领环，额、喉白色，下体余部鸽灰色，胸部带粉红色，两胁和尾下覆羽转蓝灰色。

生活习性： 栖息在平原或山麓间，结小群混杂于其他种斑鸠群中。植食性，主食植物种子。

火斑鸠

Streptopelia tranquebarica

鸽形目 鸠鸽科

形态特征： 体长约23cm。雄鸟头顶和后颈蓝灰色，头侧稍淡，额和上喉转蓝白色，颈基有狭窄的黑色半领圈，背、肩及翅上的覆羽等均葡萄红色，腰及尾上覆羽等均暗蓝灰色，下体与背同色但较淡，向后渐淡至尾下覆羽转为白色。雌鸟上体深土褐色，头顶褐色较淡而沾灰，颈基的黑色半领圈不鲜明，腰部渲染蓝灰色，下体浅土褐色，略带粉红色泽，额和上喉近白，肛周和尾下覆羽转为蓝白色。

生活习性： 栖息于开阔田野和村庄附近，常结群活动，有时和山斑鸠、珠颈斑鸠等混群。植食性，主食植物种子和果实等。

珠颈斑鸠

Streptopelia chinensis

鸽形目 鸠鸽科

形态特征：体长约30cm。雄鸟前额和头顶前部淡灰色，头顶后部为鸽灰色而带葡萄酒的粉红色，后颈有宽阔的黑羽领圈，缀以黄色以至白色的珠状细斑，上体褐色，下体粉红色，额近白色，头侧、喉、胸及腹等均为葡萄酒的粉红色，外侧尾羽黑褐色，末端白色，在展尾时十分显著。雌鸟色彩较暗。

生活习性：栖息于多树的草地、郊野农田或居民区附近，常集小群，有时和其他斑鸠混群。植食性，主食植物种子和果实等。

斑尾鹃鸠

Macropygia unchall

鸽形目 鸠鸽科

形态特征： 体长约38cm。雄鸟额、眼先、颊及颏、喉等皮黄色，头顶、后颈及颈侧等显著金属绿紫色，上体余部均黑褐色、具栗色细横斑，尾长，外侧尾羽暗灰色、具黑色次端斑，上胸红铜色，带有绿彩；下胸浅淡，腹部淡棕白。雌鸟上体金属羽色较淡，头顶与胸均具黑褐色细横斑。

生活习性： 栖息于丘陵地带林地，常成对，偶尔单个活动。主食植物果实和种子等。

保护级别： 国家二级保护野生动物。

绿翅金鸠

Chalcophaps indica

鸽形目 鸠鸽科

形态特征：体长约25cm。雄鸟前额和眉纹白色，头顶和后颈蓝灰色，上背及两翅的覆羽和内侧次级飞羽翠绿色、具金属青铜色反光，飞羽和初级覆羽暗褐色，下背和腰均黑色，中央尾羽黑褐色，外侧尾羽蓝灰色、具宽阔的黑褐色次端斑，头侧、颈侧、喉、胸等紫褐色，向后渐淡，下腹微带灰色。雌鸟前额蓝白色，无白色眉纹，头顶和后颈褐色缀黑。

生活习性：栖息于山地，单独或成对活动。主食植物果实，也吃植物种子和昆虫等。

红翅绿鸠

Treron sieboldii

鸽形目 鸠鸽科

形态特征： 体长约33cm。雄鸟额亮绿黄色，头顶棕橙色，枕、头侧及颈灰黄绿色，上体余部及内侧飞羽表面橄榄绿色，翅上小、中覆羽及部分大覆羽紫红栗色，其余覆羽及飞羽黑色，有黄色条纹翅斑，颏、喉亮黄色，胸浓黄而沾棕橙色，向后转淡棕橙色至淡棕黄色。雌鸟额及颏、喉淡黄绿色，头顶及胸部缺乏棕橙色，背及翅上暗绿色，胸至上腹暗绿色，下腹至尾下覆羽淡黄白色。

生活习性： 栖息于山区的森林或多树地带，常集小群。主食植物果实和种子等。

保护级别： 国家二级保护野生动物。

普通夜鹰

Caprimulgus indicus

夜鹰目 夜鹰科

形态特征： 体长约28cm。雄鸟头褐灰色、具小的虫蠹状斑点，顶具黑色纵斑，背、腰褐色，尾羽黑褐色、具横斑和次末端大白斑，初级飞羽黑褐色，具褐棕色大斑点，下体黑褐色、具棕白色点斑，喉的两侧各有小的白色块斑。雌鸟初级飞羽和外侧尾羽均无白斑。

生活习性： 栖息于阔叶林和针阔混交林中，常在夜间活动，黄昏时尤其活跃。主食昆虫。

林夜鹰
Caprimulgus affinis

夜鹰目 夜鹰科

形态特征：体长约22cm。雄鸟上体黑褐色，充满灰白色沾浅棕细斑纹，尾羽栗褐色、具狭窄的黑色横斑及黑色虫蠹状斑纹，外侧两对尾羽白色，肩羽、翅上覆羽和三级飞羽淡栗色并具暗褐色虫蠹状纹及波状纹，初级飞羽和次级飞羽暗褐色、具不完整的栗色横斑，额、喉和胸黑而具棕色横斑，下喉具一白色块斑，腹淡棕栗色、具纤细的暗褐色横纹，眼先、嘴及脚褐色。雌鸟体色较雄鸟浅淡，翼斑黄褐色，外侧2对尾羽棕黄色而非白色，并具暗褐色横斑及不规则的暗褐色块斑。

生活习性：栖息于高山、丘陵和平原地带的树林中，白天伏于树林内，黄昏飞出取食。几乎只食昆虫。

短嘴金丝燕

Aerodramus brevirostris

夜鹰目 雨燕科

形态特征： 体长约14cm。上体烟褐色，头部较黑，腰部从浅褐色至偏灰色，尾上覆羽灰褐色，尾略成叉状，翼黑褐色，下体灰褐色，喉、上胸较淡，下胸、腹、尾下覆羽具黑色纤细的羽干纹。

生活习性： 主要栖息于山区1500—2800m 的石灰溶洞中，群居生活。主食昆虫。

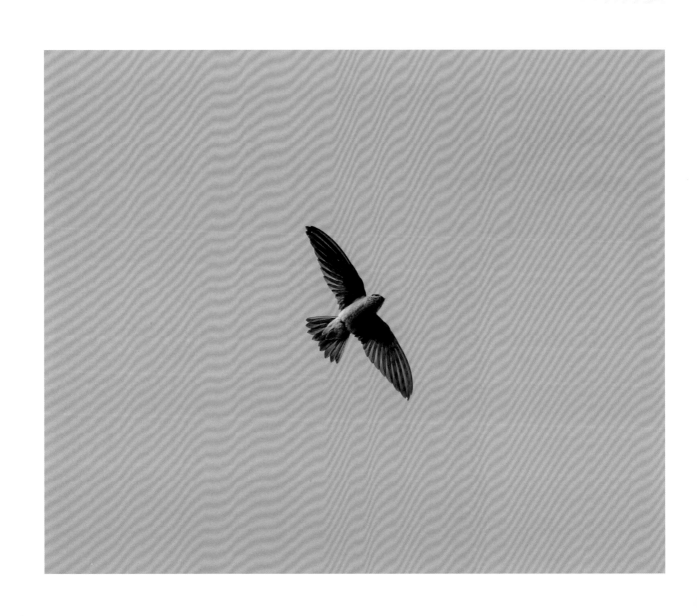

爪哇金丝燕

Aerodramus fuciphagus

夜鹰目 雨燕科

形态特征： 体长约12cm。上体黑褐色，翅、尾及头顶稍暗，背部羽毛隐灰白色，腰浅灰褐色，形成淡色腰斑，下体灰褐色，嘴黑色，细弱且向下弯曲，跗跖裸露紫红色。

生活习性： 沿着海岸、岛屿终日飞翔，几乎很少休息。主食昆虫。

保护级别： 国家二级保护野生动物。

白喉针尾雨燕

Hirundapus caudacutus

夜鹰目 雨燕科

形态特征：体长约20cm。头、颈、翼、尾上覆羽和尾羽黑色、具蓝色反光，背淡灰褐色，腰褐色，尾羽羽轴在末端成针状，三级飞羽内缘具白斑，颏、喉白色，胸、腹深褐色，尾下覆羽白色。

生活习性：栖息于海拔400—1200m的阔叶林及针阔混交林中。主食昆虫。

白腰雨燕

Apus pacificus

夜鹰目 雨燕科

形态特征： 体长约18cm。成鸟头、颈灰褐色，背、翼黑褐色，腰白色、具黑色羽干纹，尾长而尾叉深，尾上覆羽的端部和尾羽黑褐色，额、喉、前颈为白色，胸、腹、尾下覆羽为灰褐色。

生活习性： 栖息于山区的开阔地带，常结群空中绕圈飞行。主食昆虫。

小白腰雨燕

Apus nipalensis

夜鹰目 雨燕科

形态特征： 体长约15cm。额、头顶、枕、后颈灰褐色，背、腰黑褐色，腰具白斑，尾凹型，尾上覆羽和尾羽黑褐色，额、喉白色，前颈、胸、腹、尾下覆羽黑褐色。

生活习性： 栖息于岩壁、洞穴以及城镇建筑物等。主食昆虫。

褐翅鸦鹃

Centropus sinensis

鹃形目 杜鹃科

形态特征：体长约52cm。成鸟体羽全黑，仅上背、翼及翼覆羽为纯栗红色，头至胸有紫蓝色反光及亮黑色的羽轴纹，胸至腹或有绿色反光，尾羽具铜绿色反光。幼鸟上体布以暗褐色和红褐色横斑，羽轴灰白色，腰部杂以黑褐色、污白色至棕色横斑，尾部具一系列苍灰或灰棕色横斑，下体暗褐色、具狭形苍白色横斑。

生活习性：栖息于低山、平原村边近水源的灌木丛、草丛。主食昆虫、蜥蜴、蛇、鼠、鸟卵和小型鸟类等，也吃甲壳类等无脊椎动物。

保护级别：国家二级保护野生动物。

小鸦鹃

Centropus bengalensis

鹃形目 杜鹃科

形态特征: 体长约42cm。成鸟头、颈、上背及下体黑色、具深蓝色反光,下背及尾上覆羽淡黑色,翅、肩及其内侧栗色,翅端及内侧次级飞羽具淡栗色的羽干。幼鸟头、颈及上背暗褐色,各羽具白色的羽干和棕色的羽缘,尾淡黑色而具棕色羽端,中央尾羽有棕白色横斑,下体淡棕白色,胸、胁较暗色。

生活习性: 栖息于低山、平原地带远离居民点近水源的灌木丛、草丛。主食昆虫和其他小型脊椎动物。

保护级别: 国家二级保护野生动物。

红翅凤头鹃

Clamator coromandus

鹃形目 杜鹃科

形态特征： 体长约45cm。额和头侧黑，头具鲜亮的蓝黑色长羽冠，后颈上有一道成半圈状的白色横带，上背及内侧的覆羽和飞羽等呈金属暗绿色，下背转为金属蓝黑色，尾长沾紫色，两翅外侧栗红，额、喉、上胸和翅下覆羽等棕色，下胸至腹纯白色。

生活习性： 栖息于林木较多但较开阔的山地或平原地区。以昆虫为食。

噪鹃

Eudynamys scolopaceus

鹃形目 杜鹃科

形态特征： 体长约42cm。雄鸟通体黑色，具淡蓝色反光。雌鸟上体暗褐色，略有金属绿色反光，满布白色点状斑，头部成纵纹状，至尾部及飞羽上转为横斑状，颏至上胸黑色，满布白色粗点斑。

生活习性： 栖息于平原居民点附近树木茂盛区域。主食植物果实、种子，也吃昆虫。

八声杜鹃

Cacomantis merulinus

鹃形目 杜鹃科

形态特征：体长约21cm。雄鸟头、颈及上胸灰色，背至尾上覆羽暗灰色，肩及两翅表面褐色而具青铜色反光，外侧翼上覆羽杂以白色横斑，尾淡黑色、具白色羽端，下体自下胸以下及翼下覆羽均淡棕栗色。雌鸟上体为褐色和栗色横斑相间，额、喉和胸等均淡栗色，布以褐色狭形横斑，下体余部近白色、具极狭形的暗灰色横斑。

生活习性：栖息于村边、果园、公园及庭院的树木上。主食昆虫。

乌鹃

Surniculus lugubris

鹃形目 杜鹃科

形态特征： 体长约23cm。成鸟全身体羽亮黑色而具蓝色光泽，腿白，尾下覆羽及外侧尾羽腹面具白色横斑，前胸隐见白色斑块。幼鸟具不规则的白色点斑，尾羽开如卷尾。

生活习性： 栖息于山区森林或平原较稀疏的林地中。以昆虫为食，也食植物果实和种子。

大鹰鹃

Hierococcyx sparverioides

鹃形目 杜鹃科

形态特征：体长约40cm。成鸟头、颈的上方和侧方除眼先近白色外均为灰色，上体余部及两翅表面淡灰褐色，尾灰褐色且具5道暗褐色和3道淡灰棕色带斑，次端斑棕红，尾端白色。额暗灰色至近黑色，有一灰白色髭纹，下体余部白色，喉、胸具栗和暗灰色纵纹，下胸及腹具稍宽的暗褐色横斑。幼鸟上体褐色、微具棕色横斑，下体除颏为黑色外，悉为淡棕黄色，胸侧有宽横斑，胁和覆腿羽均具浓黑色横斑。

生活习性：栖息于山区林地中。主食昆虫。

北棕腹鹰鹃

Hierococcyx hyperythrus

鹃形目 杜鹃科

形态特征: 体长约28cm。上体青灰色,头侧灰色,无髭纹而腹白,枕部具白色条带,额黑而喉偏白,尾羽具棕色狭边。似棕腹鹰鹃,但体型更大,翅长超190mm。

生活习性: 栖息于常绿林或茂密的山地灌木丛中,但鸣叫时多栖于高大的树上。以昆虫及野果为食。

棕腹鹰鹃

Hierococcyx nisicolor

鹃形目 杜鹃科

形态特征：体长约28cm。成鸟上体、两翅表面及头和颈侧等均为石板灰色，尾淡灰褐色、具6道黑褐色横斑，颏灰褐色或淡灰褐色，喉灰白色具灰褐色羽干纹，胸及上腹棕色具白色纵纹，下腹至尾下覆羽白色。幼鸟头、颈及整个上体灰棕色，后颈具白斑且各处满布以棕色的弧形纹，下体白色且满布宽大的菱形斑或条纹替代圆点斑。

生活习性：栖息于山地常绿阔叶林或茂密的灌木丛中，但鸣叫时多栖于高大的树上。以昆虫及野果为食。

小杜鹃
Cuculus poliocephalus

鹃形目 杜鹃科

形态特征：体长约26cm。雄鸟上体灰色，头、颈及上胸浅灰，下胸和腹部白色或略沾棕色，并具显著的黑色横斑，其间隔比中杜鹃更大。雌鸟上体呈暗棕栗色和黑褐色相间状，背及翅以黑褐色为主，缀棕栗色横斑，头侧、额至上胸为淡棕色，间以黑褐色横斑。

生活习性：栖息于开阔的多树木地方，但多隐匿于茂密的叶簇中。主食昆虫，也吃植物果实和种子。

四声杜鹃

Cuculus micropterus

鹃形目 杜鹃科

形态特征： 体长约30cm。成鸟眼先、额至上胸淡灰色，头余部及颈等均烟灰色，头侧显褐色，上体余部、尾及两翅表面浓褐色，尾羽具宽阔的黑色次端斑和白端，下胸以后白色具黑褐色横斑，横斑相距较宽。雌鸟更多褐色。

生活习性： 栖息于平原至高山的大森林中，非常隐蔽。主食昆虫，特别是毛虫。

中杜鹃

Cuculus saturatus

鹃形目 杜鹃科

形态特征：体长约26cm。成鸟上体为褐石板灰色，下背至尾上覆羽灰蓝色，两翅表面褐色，翅缘白色，喉和上胸灰色，下胸及腹白色或略呈淡棕白色、具黑褐色横斑。雌鸟上体棕褐色且密布黑色横斑，近白的下体具黑色横斑直至颏部。

生活习性：栖息于山区茂密的林地中。主食昆虫。

大杜鹃

Cuculus canorus

鹃形目 杜鹃科

形态特征：体长约32cm。雄鸟上体石板灰色，腰及尾上覆羽色较亮，尾羽褐黑色且有白色羽端斑，两侧羽缘有一列白色锯齿形斑，翅暗褐色且略见绿色光泽，头侧、额、喉至上胸淡灰色，下体白色并满布不规则的狭窄黑褐色横斑。雌鸟上体黑褐色和栗色相间，下体、额至上胸棕色。

生活习性：栖息于山地及平原的树上。主食昆虫。

大鸨
^{bǎo}

Otis tarda

鸨形目 鸨科

形态特征： 体长约100cm。头灰、颈棕，上体具宽大的棕色及黑色横斑，下体及尾下白色。繁殖期雄鸟颈前有白色丝状羽，颈侧丝状羽棕色。飞行时翼偏白，初级飞羽具深色羽尖。虹膜黄色，喙偏黄色，脚黄褐色。

生活习性： 栖息于草原、半荒漠地带及农田草地，通常成群活动。取食野草、甲虫、蝗虫、昆虫等。

保护级别： 国家一级保护野生动物。

花田鸡
Coturnicops exquisitus

鹤形目 秧鸡科

形态特征：体长约13cm。上体呈褐色，具有黑色纵纹及白色的细小横斑。额部、喉部及腹部为白色。胸部呈黄褐色，两胁及尾下缀有深褐色及白色的宽横斑，尾部短而上翘。白色次级飞羽与黑色初级飞羽明显。虹膜褐色，喙暗黄色，脚黄色。

生活习性：栖息于小河、湖泊及沼泽附近草丛中。晨昏活动，隐蔽性强。主要以水生昆虫、甲壳类和水藻等为食。

保护级别：国家二级保护野生动物。

白喉斑秧鸡

Rallina eurizonoides

鹤形目 秧鸡科

形态特征： 体长约25cm。整体偏褐色，头及胸栗色，额偏白，近黑色腹部及尾下具狭窄的白色横纹。翼上白色仅限于内侧的次级飞羽。虹膜红色，喙绿黄色，脚灰色。

生活习性： 栖息于水源充足的林缘、沼泽地和稻田。隐蔽性强。主食种子、昆虫和软体动物。

灰胸秧鸡

Lewinia striata

鹤形目 秧鸡科

形态特征：体长约29cm。喙长，脚长，顶冠栗色而余部以灰色为主，下颏白色，脸颊、颈侧至前胸为灰蓝色，背部深灰色并染棕色、具黑白色细横纹，两胁及尾下具较粗的黑白色横斑。虹膜红色，上喙偏黑色，脚灰色。

生活习性：栖息于草地、沼泽、稻田和沿海红树林中。飞行能力较弱，飞行距离短。杂食性，食物包括蠕虫、昆虫、软体动物、种子、根、枝、叶等。

普通秧鸡

Rallus indicus

鹤形目 秧鸡科

形态特征：体长约29cm。喙长、脚长，上体多纵纹，头顶褐色，脸灰色，眉纹浅灰色而眼线深灰色。额白色，颈及胸灰色，两胁具黑白色横斑。亚成鸟翼上覆羽具不明晰的白斑。虹膜红色，喙红色至黑色，脚红色。

生活习性：栖息于林缘水边、沼泽和农田附近草丛中。杂食性，食物包括蚯蚓、虾、昆虫、根、种子、果实等。

红脚田鸡

Zapornia akool

鹤形目 秧鸡科

形态特征：体长约28cm。喙短而腿红、长，上体橄榄褐色，脸及胸青灰色，腹部及尾下覆羽褐色。幼鸟灰色较少，体羽无横斑。虹膜红褐色，喙黄绿色，脚洋红色。

生活习性：栖息于多水草的沼泽地。

小田鸡
Zapornia pusilla

鹤形目 秧鸡科

形态特征： 体长约18cm。体纤小，喙短而脚长，背部具白色纵纹，两胁及尾下具白色细横纹。雄鸟头顶及上体红褐色具黑白色纵纹，胸及脸灰色。雌鸟色暗，耳羽褐色。幼鸟颏偏白，上体具圆圈状白色点斑。与姬田鸡区别在于上体褐色较浓且多白色点斑，两胁多横斑，喙基无红色。虹膜红色，喙偏绿色，脚偏粉色。

生活习性： 栖息于湖泊及多水草沼泽地带。杂食性，食物包括水生昆虫、软体动物、小鱼、种子等。

红胸田鸡

Zapornia fusca

鹤形目 秧鸡科

形态特征：体长约20cm。体小，喙短而脚长，后顶和上体纯褐色，头侧和胸部深棕红色，额白色，两翼纯色无白斑，腹部及尾下近黑色并具白色细横纹。虹膜红色，喙偏褐色，脚红色。

生活习性：栖息于河流、湖泊、水塘、稻田、沼泽和沿海滩涂。杂食性，食物包括软体动物、水生昆虫、嫩枝、种子等。

斑胁田鸡

Zapornia paykullii

鹤形目 秧鸡科

形态特征： 体长约22cm。喙短而脚长，腿红色，头顶及上体深褐色，额白色，头侧及胸栗红色，两胁及尾下覆羽近黑色并具白色细横纹，翼上具黑白色横斑，飞羽无白色，枕及颈部深色。幼鸟褐色。虹膜红色，喙偏黄色，脚红色。

生活习性： 栖息于沼泽湿地、草甸及稻田。杂食性，以昆虫、软体动物、小草等为食。

保护级别： 国家二级保护野生动物。

白胸苦恶鸟

Amaurornis phoenicurus

鹤形目 秧鸡科

形态特征： 体长约33cm。脚长，头顶及上体深青色至黑色，后背至尾羽染棕褐色，脸、额、胸及上腹部白色，下腹及尾下棕色。虹膜红色，喙黄绿色，喙基红色，脚黄色。

生活习性： 栖息于湖泊、河流、水塘、沼泽及附近草丛中。杂食性，食物包括蠕虫、软体动物、昆虫、小鱼等。

董鸡

Gallicrex cinerea

鹤形目 秧鸡科

形态特征： 体长约40cm。体大、喙短而脚特长。繁殖期雄鸟体羽黑色，具红色的尖形角状额甲，体羽、覆羽和飞羽具浅褐色边缘。雌鸟褐色，下体具细密横纹。虹膜褐色，喙黄绿色，脚绿色，繁殖期雄鸟脚为红色。

生活习性： 栖息于芦苇、沼泽和稻田中。主食种子、嫩枝、水稻，也吃蠕虫和软体动物。

紫水鸡

Porphyrio porphyrio

鹤形目 秧鸡科

形态特征：体长约42cm。喙大而红，通体呈蓝黑色并具紫色及绿色闪光。尾下覆羽为白色，具红色的额甲。虹膜红色，脚红色，关节处色深。

生活习性：栖息于多芦苇的沼泽地及湖泊，有时在开阔草地、稻田活动。以昆虫、软体动物、水草等为食。

保护级别：国家二级保护野生动物。

黑水鸡

Gallinula chloropus

鹤形目 秧鸡科

形态特征： 体长约31cm。成鸟额甲亮红色，体羽青黑色，仅两胁有白色细纹而成的线条，尾下有两块醒目白斑。幼鸟全身灰褐色，脸颊至下体色浅。虹膜红色，喙暗绿色，喙基红色，脚绿色。

生活习性： 栖息于湖泊、池塘、河流、稻田及沼泽。杂食性，食物包括昆虫、小鱼、水藻、种子等。

白骨顶

Fulica atra

鹤形目 秧鸡科

形态特征： 体长约40cm。整个体羽深黑灰色，仅飞行时可见翼上狭窄近白色后缘，具显眼的白色喙及额甲。虹膜红色，喙白色，脚灰绿色。

生活习性： 栖息于湖泊、河口、库塘。主食水生植物，也吃昆虫和软体动物。

白鹤

Grus leucogeranus

鹤形目 鹤科

形态特征：体长约135cm。体大、白色，喙橘黄色，脸上裸皮猩红色，腿粉红色。飞行时黑色的初级飞羽明显。幼鸟金棕色。虹膜黄色，喙橘黄色，脚粉红色。

生活习性：栖息于开阔的平原沼泽草地、湖泊及浅水沼泽地带。主食植物根茎、叶、嫩芽和少量软体动物。

保护级别：国家一级保护野生动物。

白枕鹤

Grus vipio

鹤形目 鹤科

形态特征： 体长约150cm。灰白色，脸侧裸皮红色，边缘及斑纹黑色，喉及颈背白色。枕、胸及颈前的灰色延至颈侧成狭窄尖线条。初级飞羽黑色，体羽余部为不同程度的灰色。虹膜黄色，喙黄色，脚绯红色。

生活习性： 栖息于湖泊、河流、沼泽和农田。主食植物种子和根茎。

保护级别： 国家一级保护野生动物。

灰鹤

Grus grus

鹤形目 鹤科

形态特征：体长约125cm。前顶冠黑色，中心红色，头及颈深青灰色。自眼后有一道宽的白色条纹伸至颈背。体羽余部灰色，背部及长而密的三级飞羽略沾褐色。虹膜褐色，喙暗绿色而喙端偏黄，脚黑色。

生活习性：集群活动于湖泊、沼泽和水塘。主食植物叶、茎、种子、软体动物、昆虫和鱼等。

保护级别：国家二级保护野生动物。

白头鹤

Grus monacha

鹤形目 鹤科

形态特征： 体长约95cm。头顶前半部裸出皮肤呈红色，着生黑色毛状短羽，眼先亦有毛状羽。头后至上颈为纯白色，在后颈的纯白色向下延伸。上体自后颈下部至背以及翅的覆羽呈灰黑色，边缘沾有暗棕褐色，形成鳞状斑。飞羽及尾羽灰黑色，三级飞羽延长，覆盖在尾羽上。

生活习性： 栖息于河流、湖泊的沼泽地带和沿海滩涂。杂食性，以食植物为主。

保护级别： 国家一级保护野生动物。

蛎鹬

Haematopus ostralegus

鸻形目 蛎鹬科

形态特征： 体长约44cm。红色的喙长直而端钝，上背、头及胸黑色，下背及尾上覆羽白色，下体余部白色，翼上黑色，沿次级飞羽基部有白色宽带，翼下白色并具狭窄的黑色后缘。虹膜红色，喙橙红色，脚粉红色。

生活习性： 栖息于内陆水域及附近草地或沿海礁石、沙滩及泥滩海岸。主食昆虫、小鱼、虾、蟹。

黑翅长脚鹬

Himantopus himantopus

鸻形目 反嘴鹬科

形态特征： 体长约37cm。体修长的黑白色涉禽。喙细长而直，两翼黑，腿长、红色，体羽白色。颈背具黑色斑块。幼鸟褐色较浓，头顶及颈背沾灰。虹膜粉红色，喙黑色，脚肉红色。

生活习性： 栖息于溪流、湖泊、沿海湿地及淡水沼泽。主要以软体动物、甲壳类、环节动物、小鱼以及昆虫等动物性食物为食。

反嘴鹬

Recurvirostra avosetta

鸻形目 反嘴鹬科

形态特征：体长约43cm。个高的黑白色涉禽。腿长、灰色，黑色的喙细长而上翘。飞行时从下面看体羽全白，仅翼尖黑色。具黑色的翼上横纹及肩部条纹。虹膜褐色，喙黑色，脚黑色。

生活习性：栖息于河口、沿海滩涂及养殖池塘。以两边扫动进行觅食。主食蠕虫和小甲壳类。

凤头麦鸡

Vanellus vanellus

鸻形目 鸻科

形态特征： 体长约30cm。具长窄的黑色反翻型凤头。上体具绿黑色金属光泽，尾白而具宽的黑色次端带，头顶色深，耳羽黑色，头侧及喉部污白，胸近黑，腹白色。虹膜褐色，喙近黑色，脚橙褐色。

生活习性： 栖息于湖泊、河流、池塘、农田及沼泽等地带。主食蚯蚓、昆虫、小鱼，也吃草茎和种子。

灰头麦鸡

Vanellus cinereus

鸻形目 鸻科

形态特征： 体长约35cm。头及胸灰色；上背及背褐色；翼尖、胸带及尾部横斑黑色，翼后余部、腰、尾及腹部白色。亚成鸟似成鸟但褐色较浓而无黑色胸带。虹膜褐色，喙黄色而尖端黑色，脚黄色。

生活习性： 栖息于河流、池塘、稻田及沼泽等地。主食昆虫、螺类、水草和种子。

金鸻

Pluvialis fulva

鸻形目 鸻科

形态特征： 体长约25cm。头大，喙短厚。冬羽金棕色，过眼线、脸侧及下体均色浅。繁殖期雄鸟脸、喉、胸前及腹部均为黑色，脸周及胸侧白色。雌鸟下体也有黑色，但不如雄鸟多。虹膜褐色，喙黑色，腿灰色。

生活习性： 栖息于沿海滩涂、沙滩、农田、水塘、沼泽及开阔草地。主食昆虫、软体动物和甲壳动物。

灰鸻
héng

Pluvialis squatarola

鸻形目 鸻科

形态特征： 体长约28cm。喙短厚，体型较金鸻大，头及喙较大，上体褐灰色，下体近白色，飞行时翼纹和腰部偏白色，黑色的腋羽于白色的下翼基部成黑色块斑。繁殖期雄鸟下体黑色似金鸻，但上体多银灰色，尾下白色。虹膜褐色，喙黑色，腿灰色。

生活习性： 栖息于沿海滩涂、沙滩、农田、水塘、沼泽及开阔草地。主食昆虫、小鱼、虾和蟹。

长嘴剑鸻
^{héng}

Charadrius placidus

鸻形目 鸻科

形态特征：体长约22cm。体呈流线型，喙略长而全黑，尾较剑鸻和金眶鸻长，白色的翼上横纹不及剑鸻粗而明显。繁殖期体羽特征为具黑色的前顶横纹和全胸带，但贯眼纹灰褐而非黑。亚成鸟同剑鸻和金眶鸻。虹膜褐色，喙黑色，腿、脚暗黄色。

生活习性：栖息于河流和沿海沙石地。主食昆虫和植物。

金眶鸻

héng

Charadrius dubius

鸻形目 鸻科

形态特征：体长约16cm。喙短。与环颈鸻的区别在于其具黑或褐色的全胸带，腿黄色。与剑鸻区别在于黄色眼圈明显，翼上无横纹。成鸟黑色部分在亚成鸟为褐色。飞行时翼上无白色横纹。虹膜褐色，喙灰色，腿黄色。

生活习性：栖息于沿海溪流及河流的沙、沼泽及沿海滩涂、水塘地带。主食昆虫、小鱼和种子。

环颈鸻

Charadrius alexandrinus

鸻形目 鸻科

形态特征：体长约15cm。喙短的褐色及白色鸻。与金眶鸻的区别在其腿为黑色，飞行时具白色翼上横纹，尾羽外侧更白。雄鸟胸侧具黑色块斑，雌鸟此斑块为褐色。虹膜褐色，喙黑色，腿黑色。

生活习性：常与其他涉禽混群活动于海滩或近海岸的多沙草地、河口、滩涂、沙滩及沼泽地。食物包括蠕虫、甲虫、小蟹、藻类、种子等。

蒙古沙鸻

^{héng}

Charadrius mongolus

鸻形目 鸻科

形态特征：体长约20cm。甚似铁嘴沙鸻，常与之混群但体较短小，喙短而纤细。较早南迁的鸟群中仍有繁殖羽，胸具棕赤色宽横纹，脸具黑色斑纹。非繁殖羽胸部棕褐色。虹膜褐色，喙黑色，腿深灰色。

生活习性：栖息于沿海泥滩、沙滩和河口地带。主食蠕虫、螺和昆虫。

铁嘴沙鸻^{héng}

Charadrius leschenaultii

鸻形目 鸻科

形态特征： 体长约23cm。喙短。与蒙古沙鸻区别在其体型较大，喙较长较厚，腿较长而偏黄色。除蒙古沙鸻外，与所有其他越冬鸻类的区别在其缺少胸横纹或领环。繁殖羽特征为胸具较窄的棕色横纹，脸具黑色斑纹，前额白色。虹膜褐色，喙黑色，腿灰黄色。

生活习性： 喜沿海泥滩、沙滩及河口，与其他涉禽尤其是蒙古沙鸻混群。主食昆虫、螺类、小虾和杂草。

东方鸻 héng

Charadrius veredus

鸻形目 鸻科

形态特征： 体长约24cm。喙短。冬羽胸带宽、棕色，脸偏白，上体全褐、无翼上横纹。夏羽胸橙黄色且具黑色下边，脸无黑色纹。与金鸻、蒙古沙鸻及铁嘴沙鸻区别在其腿黄色或近粉色。一些年长鸟头部沾些白色。飞行时翼下包括腋羽为浅褐色。虹膜淡褐色，喙橄榄棕色，腿黄色至偏粉色。

生活习性： 栖息于多草地区、河流两岸及沼泽地带。主食甲壳类和昆虫。

彩鹬

Rostratula benghalensis

鸻形目 彩鹬科

形态特征： 体长约25cm。色彩艳丽的沙锥样涉禽，尾短。雌鸟头及胸深栗色，眼周及眼后白色，顶纹黄色；背及两翼偏绿色，背上具白色的"V"形纹并有白色条带绕肩至白色的下体。雄鸟体型较雌鸟小而色暗，肩部具白色宽带，翼覆羽具金色点斑，眼斑黄色。虹膜红色，喙黄色，腿近黄色。

生活习性： 栖息于沼泽型草地及稻田。主食昆虫和谷物。

水雉

Hydrophasianus chirurgus

鸻形目 水雉科

形态特征：体长约33cm。尾特长，全身深褐色及白色。飞行时白色翼明显。非繁殖羽头顶、背及胸上横斑灰褐色，额、前颈、眉、喉及腹部白色，两翼近白。黑色的贯眼纹下延至颈侧，下枕部金黄色。初级飞羽羽尖特长，形状奇特。繁殖羽尾羽长。虹膜黄色，喙黄色或灰蓝色（繁殖期），腿棕灰色或偏蓝色（繁殖期）。

生活习性：栖息于富有挺水植物的池塘、湖泊和沼泽地。以昆虫、虾、软体动物和水生植物为食。

保护级别：国家二级保护野生动物。

丘鹬

Scolopax rusticola

鸻形目 鹬科

形态特征：体长约35cm。体型肥胖，腿短，喙长且直。与沙锥相比体型较大，头顶有数条横斑，颈背具斑纹，下体布满横纹。飞行看似笨重，翅较宽。虹膜褐色，喙端黑色而基部粉色，脚粉灰色。

生活习性：栖息于森林。夜行性，白天隐蔽，伏于地面，夜晚飞至开阔地进食。主食昆虫和种子。

姫鹬

Lymnocryptes minimus

鸻形目 鹬科

形态特征： 体长约18cm。喙短而两翼狭尖，尾呈楔形，尾色暗而无棕色横斑，上体具绿色及紫色光泽。与所有其他的沙锥区别在其头顶中心无纵纹，与阔嘴鹬区别在嘴较直、肩部多明显条纹。飞行时脚不伸及尾后，翼前缘无白色。虹膜褐色，喙黄色，脚暗黄色。

生活习性： 栖息于沼泽地带及稻田。进食时头不停地点动。主食昆虫、蠕虫和软体动物。

孤沙锥

Gallinago solitaria

鸻形目 鹬科

形态特征: 体长约29cm。体色深暗,头顶两侧缺少近黑色条纹,喙基灰色较深。飞行时脚不伸出尾后。比扇尾沙锥、大沙锥或针尾沙锥色暗,黄色较少,脸上条纹偏白色而非皮黄色。肩胛具白色羽缘,胸浅姜棕色,腹部具白色及红褐色横纹,下翼或次级飞羽后缘无白色。虹膜褐色,喙橄榄褐色,脚橄榄色。

生活习性: 栖息于泥塘、沼泽及稻田。主食昆虫、甲壳类等。

针尾沙锥

Gallinago stenura

鸻形目 鹬科

形态特征：体长约24cm。体墩实而腿短，两翼圆，喙相对短而钝。上体淡褐色，具白、黄及黑色的纵纹及蠕虫状斑纹；下体白色，胸沾赤褐色且多具黑色细斑；眼线于眼前细窄，于眼后难辨。与扇尾沙锥及大沙锥区别在其体型相对较小，尾较短，飞行时黄色的脚探出尾后较多，翼无白色后缘，翼下无白色宽横纹，腿比大沙锥细且黄色较少。虹膜褐色，喙褐色，脚偏黄色。

生活习性：栖息于稻田、林中的沼泽、潮湿洼地及红树林。主食昆虫、甲壳类和软体动物等。

大沙锥
Gallinago megala

鸻形目 鹬科

形态特征： 体长约28cm。两翼长而尖，头大而方，喙长。与针尾沙锥区别在于其尾较长，腿较粗而多黄色。与扇尾沙锥区别在于其尾端两侧白色较多，飞行时尾长于脚，翼下缺少白色宽横纹，飞行时翼上无白色后缘。春季时胸及颈较暗淡。虹膜褐色，喙褐色，脚橄榄灰色。

生活习性： 栖息于沼泽、湿润草地和稻田。主食昆虫、小鱼和小虾。

扇尾沙锥

Gallinago gallinago

鸻形目 鹬科

形态特征：体长约26cm。两翼细而尖，喙长；脸皮黄色，眼部上下条纹及贯眼纹色深；上体深褐色，具白色及黑色的细纹及蠹斑；下体淡皮黄色具褐色纵纹。色彩与大沙锥及针尾沙锥相似，但扇尾沙锥的次级飞羽具白色宽后缘，翼下具白色宽横纹，飞行较迅速、较高、较不稳健，并常作急叫声。皮黄色眉线与浅色脸颊成对比。肩羽边缘浅色，比内缘宽。肩部线条较居中线条更浅。虹膜褐色，喙褐色，脚橄榄色。

生活习性：栖息于沼泽地带及稻田，通常隐蔽在高大的芦苇草丛中。主食昆虫、螺、种子和叶片。

长嘴半蹼鹬

Limnodromus scolopaceus

鸻形目 鹬科

形态特征： 体长约30cm。夏季上体暗红褐色，具淡色和棕色羽缘，眉纹白色，头顶、脸和前颈具黑褐色斑点；下背纯白色，腰和尾上覆羽白色具黑色横斑。冬羽暗灰色，前颈和胸较灰微具斑点；腹纯白色，尾上、尾下覆羽和尾羽具白色横斑。虹膜褐色，喙黑褐色，基部色淡，脚褐绿色。

生活习性： 栖息于水塘、沼泽边和潮间地带。主食昆虫、甲壳类和软体动物等。

半蹼鹬
pǔ

Limnodromus semipalmatus

鸻形目 鹬科

形态特征： 体长约35cm。喙长且直，背灰色，腰、下背及尾白色具黑色细横纹，下体色浅，胸皮黄褐色。与塍鹬区别在于其体型较小，喙形直而全黑，嘴端显膨胀。飞行时背色较深。虹膜褐色，喙黑色，腿近黑色。

生活习性： 主要栖息于湖泊、河流及沿海滩涂。性胆小机警，主食昆虫和软体动物。

保护级别： 国家二级保护野生动物。

黑尾塍鹬

^{chéng}

Limosa limosa

鸻形目 鹬科

形态特征：体长约42cm。似斑尾塍鹬，但体型较大，嘴不上翘，过眼线显著，上体杂斑少，尾前半部近黑色，腰及尾基白色。白色的翼上横斑明显。虹膜褐色，喙基粉色，脚绿灰色。

生活习性：栖息于沿海泥滩、河流及湖泊。主食水生昆虫和蚌类。

斑尾塍鹬

Limosa lapponica

鸻形目 鹬科

形态特征：体长约40cm。喙略向上翘，上体具灰褐色斑驳、显著的白色眉纹，下体胸部沾灰色。与黑尾塍鹬的区别在其翼上横斑狭窄而色浅，白色的尾及腰上具褐色横斑。虹膜褐色，喙基粉红色，脚暗绿或灰色。

生活习性：栖息于潮间带、河口、沙洲及浅滩。主食昆虫和小蟹。

小杓鹬
sháo

Numenius minutus

鸻形目 鹬科

形态特征：体长约30cm。喙中等长度而略向下弯，皮黄色的眉纹粗重。与中杓鹬的区别在于小杓鹬体型较小，嘴较短、较直。腰无白色。落地时两翼上举。虹膜褐色，喙褐色而基部粉红色，脚蓝灰色。

生活习性：栖息于沼泽、水田及近水岸边。主食昆虫、蟹和种子。

保护级别：国家二级保护野生动物。

中杓鹬

shǎo

Numenius phaeopus

鸻形目 鹬科

形态特征： 体长约43cm。眉纹色浅，具黑色顶纹，喙长而下弯。似白腰杓鹬但体型小许多，喙长且与头的比例也相应较短。虹膜褐色，喙黑色，脚蓝灰色。

生活习性： 栖息于沿海泥滩、河口、潮间带、沼泽及多岩石海滩。杂食性，食物包括蠕虫、小蟹、螺、种子等。

白腰杓鹬

sháo

Numenius arquata

鸻形目 鹬科

形态特征：体长约55cm。喙甚长而下弯；腰白，尾部白色、具褐色横纹。与大杓鹬区别在其腰及尾较白，与中杓鹬区别在其体型较大，头部无图纹，喙长且与头的比例更大。虹膜褐色，喙褐色，脚青灰色。

生活习性：栖息于湖泊、河流、草地、河口和沿海滩涂。主食软体动物和昆虫等，也食鱼类。

保护级别：国家二级保护野生动物。

大杓鹬
^{sháo}

Numenius madagascariensis

鸻形目 鹬科

形态特征：体长约63cm。喙甚长而下弯，比白腰杓鹬色深且褐色重，下背及尾褐色，下体皮黄色。飞行时展现的翼下横纹不同于白腰杓鹬的白色。虹膜褐色，喙黑色，脚灰色。

生活习性：栖息于河口、沿海滩涂、河流、水塘等开阔湿地。主食虾、蟹、软体动物和昆虫等。

保护级别：国家二级保护野生动物。

鹤鹬

Tringa erythropus

鸻形目 鹬科

形态特征：体长约30cm。喙长且直，繁殖羽黑色具白色点斑。冬季似红脚鹬，但体型较大，灰色较深，喙较长且细，喙基红色较少。两翼色深并具白色点斑，过眼纹明显。飞行时与红脚鹬区别在其后缘缺少白色横纹，脚伸出尾后较长。虹膜褐色，喙黑色，基部红色，脚橘黄色。

生活习性：栖息于沿海滩涂、水塘、沼泽地带。主食昆虫幼虫、小甲壳类和螺类。

红脚鹬

Tringa totanus

鸻形目 鹬科

形态特征：体长约28cm。腿橙红色，喙基部为红色。上体褐灰色，下体白色，胸具褐色纵纹。比鹤鹬体型小，矮胖，喙较短较厚，基部红色较多。飞行时腰部白色明显，次级飞羽具明显白色外缘。尾上具黑白色细斑。虹膜褐色，喙基部红色而端黑色，脚橙红色。

生活习性：栖息于沿海滩涂、盐田、沼泽及鱼塘、近海稻田。主食水生昆虫、虾、蟹、螺和小鱼。

泽鹬

Tringa stagnatilis

鸻形目 鹬科

形态特征： 体长约23cm。额白，喙黑而细直，腿长而偏绿色。两翼及尾近黑色，眉纹较浅。上体灰褐色，腰及下背白色，下体白色。与青脚鹬区别在其体型较小，额部色浅，腿长且细，喙较细而直。虹膜褐色，喙黑色，脚偏绿色。

生活习性： 栖息于湖泊、盐田、沼泽地和池塘，偶尔至沿海滩涂。主食昆虫和小甲壳类。

青脚鹬

Tringa nebularia

鸻形目 鹬科

形态特征：体长约32cm。腿长、近绿色，灰色的喙长而粗且略向上翻。上体灰褐色具杂色斑纹，翼尖及尾部横斑近黑色；下体白色，喉、胸及两胁具褐色纵纹。背部的白色长条在飞行时尤为明显。翼下具深色细纹（小青脚鹬为白色）。与泽鹬区别在其体型较大，腿较短，叫声独特。虹膜褐色，喙灰色而端黑，脚黄绿色。

生活习性：栖息于沿海湿地和内陆的沼泽地带及河流。主食水生昆虫、螺、虾、小鱼和水生植物。

小青脚鹬

Tringa guttifer

鸻形目 鹬科

形态特征： 体长约31cm。腿偏黄色，喙较粗、较钝且基部黄色，颈较短、较厚；上体色较浅，鳞状纹较多，细纹较少（冬季），尾部横纹色较浅。似青脚鹬，但头较大，三趾间连蹼，而青脚鹬仅有两趾连蹼，腿相对较短，黄色较深。飞行时脚伸出尾后较短。虹膜褐色，喙黑色，基部黄色，腿及脚黄绿色。

生活习性： 栖息于沿海湿地、内陆沼泽地带及河流。主食水生小型无脊椎动物和鱼类。

保护级别： 国家一级保护野生动物。

白腰草鹬

Tringa ochropus

鸻形目 鹬科

形态特征：体长约23cm。腹部及臀白色，飞行时黑色的下翼、白色的腰部及尾部的横斑极显著。上体绿褐色杂白点，两翼及下背几乎全黑，尾白且端部具黑色横斑。飞行时脚伸至尾后。与林鹬区别在其近绿色的腿较短，外形较矮壮，下体点斑少，翼下色深。虹膜褐色，喙暗橄榄色，脚橄榄绿色。

生活习性：栖息于池塘、沼泽地及沟壑中。主食昆虫、软体动物和种子。

林鹬

Tringa glareola

鸻形目 鹬科

形态特征： 体长约20cm。体型纤细，褐灰色，腹部及臀偏白，腰白色。上体灰褐色而极具斑点，眉纹长、呈白色；尾白而具褐色横斑。飞行时尾部的横斑、白色的腰部与下翼，以及翼上无横纹为其特征。脚远伸于尾后。与白腰草鹬区别在其腿较长，黄色较深，翼下色浅，眉纹长，外形纤细。虹膜褐色，喙黑色，脚淡黄至橄榄绿色。

生活习性： 栖息于沿海滩涂、内陆的稻田及淡水沼泽。主食昆虫和小虾。

灰尾漂鹬

Tringa brevipes

鸻形目 鹬科

形态特征： 体长约25cm。喙粗且直，过眼纹黑色，眉纹白色，腿短，黄色。额近白色，上体体羽全灰色，胸浅灰色，腹白色，腰具横斑。飞行时翼下色深。虹膜褐色，喙黑色，脚近黄色。

生活习性： 栖息于多岩石沙滩，珊瑚礁海岸及沙质或卵石海滩，偶至沿海泥滩。主食昆虫、小鱼和软体动物。

翘嘴鹬

Xenus cinereus

鸻形目 鹬科

形态特征： 体长约23cm。喙长而上翘，上体灰色、具白色半截眉纹，黑色的初级飞羽明显，繁殖期肩羽具黑色条纹，腹部及臀白色。飞行时翼上狭窄的白色内缘明显。虹膜褐色，喙黑色，基部黄色，脚橘黄色。

生活习性： 栖息于沿海泥滩、小河及河口。主食昆虫、蠕虫和甲壳动物。

矶鹬

jī

Actitis hypoleucos

鸻形目 鹬科

形态特征：体长约20cm。喙短，翼不及尾。上体褐色，飞羽近黑色；下体白色，胸侧具褐灰色斑块。飞行时翼上具白色横纹，腰无白色，外侧尾羽无白色横斑。翼下具黑色及白色横纹。虹膜褐色，喙深灰色，脚浅橄榄绿色。

生活习性：栖息于沿海泥滩、沙洲、海拔1500m以下山地稻田及溪流、河流。性活跃，行走时头不停地点动，滑翔时两翼呈僵直特殊姿势。主食水生昆虫、蠕虫、小鱼和水藻。

翻石鹬

Arenaria interpres

鸻形目 鹬科

形态特征： 体长约23cm。喙、腿及脚均短，腿及脚为鲜亮的橘黄色。头及胸部具黑色、棕色及白色的复杂图案。飞行时翼上具醒目的黑白色图案。虹膜褐色，喙黑色，脚橘黄色。

生活习性： 栖息于沿海淤泥滩涂、沙滩及岩石海岸，也栖息在内陆或近海开阔处。主食沙蚕和蟹等。

保护级别： 国家二级保护野生动物。

大滨鹬

Calidris tenuirostris

鸻形目 鹬科

形态特征：体长约27cm。似红腹滨鹬但略大，喙较长且厚，喙端微下弯。上体色深具模糊的纵纹，头顶具纵纹，非繁殖期胸及两侧具黑色点斑（远处看似深色的胸带），腰及两翼具白色横斑。春夏季的鸟胸部具黑色大点斑，翼具赤褐色横斑。虹膜褐色，喙黑色，脚灰绿色。

生活习性：栖息于河口沙洲和潮间滩涂。主食虾、蟹、软体动物和昆虫等。

保护级别：国家二级保护野生动物。

红腹滨鹬

Calidris canutus

鸻形目 鹬科

形态特征： 体长约24cm。深色的喙短且厚，具浅色眉纹。上体灰色，略具鳞状斑；下体近白，颈、胸及两胁淡皮黄色。飞行时翼具狭窄的白色横纹，腰浅灰色。夏季下体棕色。虹膜深褐色，喙黑色，脚黄绿色。

生活习性： 栖息于沙滩、沿海滩涂及河口。主食贝类、昆虫和种子。

三趾滨鹬

Calidris alba

鸻形目 鹬科

形态特征： 体长约20cm。肩羽明显黑色。比其他滨鹬白，飞行时翼上具白色宽纹。尾中央色暗，两侧白。特征为无后趾。夏季鸟上体赤褐色。虹膜深褐色，喙黑色，脚黑色。

生活习性： 栖息于滨海沙滩，偶至泥地。通常随落潮在水边奔跑。主食昆虫、贝壳类、软体动物和种子。

西滨鹬

Calidris mauri

鸻形目 鹬科

形态特征： 体长约16cm。黑色的喙略下弯，繁殖羽赤褐色，胸部多纵纹。冬季时上体褐灰色，脸及下体白色。具暗色的过眼纹，眉纹白色，上胸两侧具暗色纵纹。较黑腹滨鹬色浅而多灰色，喙比弯嘴滨鹬直，喙较略小的青脚滨鹬为长。虹膜褐色，喙黑色，脚黑色。

生活习性： 栖息于沿海滩涂、池塘及内陆湿地。主食昆虫、贝壳类和软体动物。

红颈滨鹬
Calidris ruficollis

鸻形目 鹬科

形态特征： 体长约15cm。上体色浅而具纵纹。冬羽上体灰褐色，多具杂斑及纵纹，眉线白，腰的中部及尾深褐色，尾侧白色，下体白色。春夏季头顶、颈的体羽及翅上覆羽棕色。与长趾滨鹬区别在于其灰色较深而羽色单调，腿黑色。与小滨鹬区别在于其喙较粗厚，腿较短而两翼较长。虹膜褐色，喙黑色，脚黑色。

生活习性： 栖息于沿海滩涂及池塘。主食昆虫、甲壳类和种子。

勺嘴鹬

Calidris pygmeus

鸻形目 鹬科

形态特征： 体长约15cm。腿短，上体具纵纹，白色眉纹显著。喙短而前端呈勺状。冬季极似红腹滨鹬，但体羽灰色较浓，额及胸较白。夏季上体及上胸均为棕色。虹膜褐色，喙黑色，脚黑色。

生活习性： 栖息于沿海沙滩，取食时嘴几乎垂直向下，以一种极具特色的左右两边"吸尘"的方式觅食。

保护级别： 国家一级保护野生动物。

小滨鹬
Calidris minuta

鸻形目 鹬科

形态特征： 体长约14cm。喙短而粗，下体白色，上胸侧沾灰，暗色过眼纹模糊，眉纹白色。甚似红胸滨鹬，但腿和喙略长且喙端较钝。春季具赤褐色的繁殖羽。与繁殖期的红胸滨鹬区别在于颏及喉白色，上背具乳白色"V"字形带斑，胸部多深色点斑。虹膜褐色，喙黑色，脚黑色。

生活习性： 进食时嘴快速啄食或翻拣。喜群居并与其他小型涉禽混群。主食昆虫、甲壳类和贝类。

青脚滨鹬
Calidris temminckii

鸻形目 鹬科

形态特征： 体长约14cm。上体（冬季）全暗灰色；下体胸灰色，渐变为近白色的腹部。尾长于拢翼。与其他滨鹬区别在于外侧尾羽纯白，落地时极易见。夏季胸褐灰色，翼覆羽带棕色。虹膜褐色，喙黑色，腿及脚偏绿色或近黄色。

生活习性： 栖息于淡水水域，也常见于沿海滩涂及沼泽地带。主食昆虫、蠕虫和小甲壳类动物。

长趾滨鹬

Calidris subminuta

鸻形目 鹬科

形态特征：体长约14cm。上体具黑色粗纵纹，头顶褐色，白色眉纹明显。胸浅褐灰色，腹白色，腰部中央及尾深褐色，外侧尾羽浅褐色。夏季多棕褐色。冬季与相像的红颈滨鹬的区别在其腿色较淡，与青脚滨鹬区别在其上体具粗斑纹。飞行时可见模糊的翼横纹。虹膜深褐色，喙黑色，脚黄绿色。

生活习性：栖息于沿海滩涂、池塘、稻田及其他泥泞地带。主食昆虫、软体动物和植物碎片。

斑胸滨鹬

Calidris melanotos

鸻形目 鹬科

形态特征: 体长约22cm。喙基黄色而端黑,并略为下弯,胸部纵纹密布并突然中止于白色腹部。白色眉纹模糊,顶冠近褐色。繁殖期雄鸟胸部偏黑。幼鸟胸部纵纹沾皮黄色。冬季赤褐色较少。飞行时两翼显暗,翼略具白色横纹,腰及尾上具宽的黑色中心部位。嘴比尖尾滨鹬长。虹膜褐色,脚黄色。

生活习性: 栖息于草甸湿地、沼泽地及池塘。主食昆虫、甲壳类和软体动物。

尖尾滨鹬

Calidris acuminata

鸻形目 鹬科

形态特征：体长约19cm。头顶棕色，眉纹色浅，胸皮黄色，下体具粗大的黑色纵纹，腹白，尾中央黑色，两侧白色。似冬季的长趾滨鹬，但顶冠多棕色。夏季体羽多棕色，通常比斑胸滨鹬鲜亮。幼鸟色彩较艳丽。虹膜褐色，喙黑色，腿及脚偏黄色至绿色。

生活习性：栖息于沼泽地带、沿海滩涂、湖泊及稻田。主食昆虫、甲壳类和软体动物等。

阔嘴鹬

Calidris falcinellus

鸻形目 鹬科

形态特征：体长约17cm。翼角常具明显的黑色块斑并具双眉纹。上体具灰褐色纵纹，下体白色，胸具细纹，腰及尾的中心部位黑色而两侧白色。嘴具微小纽结，看似破裂。冬季与黑腹滨鹬区别在于眉纹叉开，腿短。虹膜褐色，喙黑色，脚绿褐色。

生活习性：栖息于沿海泥滩、沙滩及沼泽地带。主食小型无脊椎动物，偶食植物。

保护级别：国家二级保护野生动物。

流苏鹬

Calidris pugnax

鸻形目 鹬科

形态特征： 体长23—28cm。上体深褐色具浅色鳞状斑纹，喉浅皮黄色，头及颈皮黄色，下体白色且两胁常具少许横斑。飞行时翼上狭窄白色横纹及于深色尾基两侧的椭圆形白色块斑极明显。雌鸟甚小于雄鸟。幼鸟皮黄色。夏季雄鸟棕色或部分白色并具明显的蓬松翎颌。虹膜褐色，喙褐色而基部近黄，冬季灰色，脚多色，或黄或绿或为橙褐色。

生活习性： 栖息于沼泽地带及沿海滩涂。主食昆虫、甲壳类、软体动物，也吃水草、种子、果实。

弯嘴滨鹬

Calidris ferruginea

鸻形目 鹬科

形态特征： 体长约21cm。腰部白色明显，喙长而下弯。上体大部灰色几无纵纹，下体白色，眉纹、翼上横纹及尾上覆羽的横斑均白色。夏季胸部及通体体羽深棕色，颏白色，腰部的白色不明显。虹膜褐色，喙黑色，脚黑色。

生活习性： 栖息于沿海滩涂及近海的稻田和鱼塘。主食螺、昆虫、小虾和种子。

黑腹滨鹬

Calidris alpina

鸻形目 鹬科

形态特征： 体长约19cm。眉纹白色，喙端略有下弯，尾中央黑色而两侧白色。与弯嘴滨鹬的区别在其腰部色深，腿较短，胸色较暗。与阔嘴鹬的区别在其腿较粗，头部色彩单调，仅为一道眉纹。夏羽特征为胸部黑色，上体棕色。虹膜褐色，喙黑色，脚灰绿色。

生活习性： 栖息于沿海滩涂、池塘及内陆湿地。主食昆虫、甲壳类和软体动物。

红颈瓣蹼鹬

Phalaropus lobatus

鸻形目 鹬科

形态特征： 体长约18cm。喙细长，体灰色和白色，常见其游泳于海上。头顶及眼周黑色，上体灰色、羽轴色深，下体偏白，飞行时深色腰部及翼上的宽白横纹明显。飞行似燕。夏羽色深，喉白色，棕色的眼纹至眼后而下延颈部成兜围，肩羽金黄。与滨鹬的区别在其喙细并具黑色眼斑。虹膜褐色，喙黑色，脚灰色。

生活习性： 栖息于沿海湿地，有时到内陆池塘。主食昆虫、甲壳类、软体动物和浮游生物。

灰瓣蹼鹬 ^{pǔ}

Phalaropus fulicarius

鸻形目 鹬科

形态特征： 体长约21cm。非常似红颈瓣蹼鹬但前额较白，上体色浅而单调，喙色较深且宽，有时喙基黄色。脚蹼为黄色。虹膜褐色，喙黑色，脚灰色。

生活习性： 栖息于内陆湿地，偶见于沿海湿地。主食昆虫、甲壳类和软体动物。

黄脚三趾鹑

Turnix tanki

鸻形目 三趾鹑科

形态特征： 体长约16cm。上体及胸两侧具明显的黑色点斑。飞行时翼覆羽淡皮黄色，与深褐色飞羽形成对比。与其他三趾鹑区别在于腿黄色。雌鸟的枕及背部较雄鸟多栗色。虹膜黄色，喙黄色，脚黄色。

生活习性： 栖息于灌木丛、草地、沼泽地及农田，尤喜稻茬地。杂食性，食物包括昆虫和种子。

棕三趾鹑^{chún}

Turnix suscitator

鸻形目 三趾鹑科

形态特征：体长约16cm。雌鸟体略大，额及喉黑色，顶近黑，头部灰白色斑驳。雄鸟头顶多褐色，脸额具褐色及白色纹，胸及两肋具黑色横纹。雌鸟的上体褐色斑驳，胸及两肋棕色。虹膜棕色，喙灰色，脚灰色。

生活习性：栖息于开阔草地带。主食昆虫、种子和果实。

普通燕鸻

Glareola maldivarum

鸻形目 燕鸻科

形态特征：体长约25cm。翼长，尾叉形，喉皮黄色具黑色边缘（冬季较模糊）。上体棕褐色具橄榄色光泽，两翼近黑，尾上覆羽白色，腹部灰，尾下白，叉形尾黑色但基部及外缘白色。虹膜深褐色，喙黑色，基部猩红，脚深褐色。

生活习性：栖息于开阔地、沼泽地及稻田。主食昆虫和蟹类。

白顶玄燕鸥

Anous stolidus

鸻形目 鸥科

形态特征： 体长约42cm。尾凹形，除头顶近白及眼圈白色外，体羽为全烟褐色。幼鸟的额及头顶深色，眼圈白色，背羽羽尖及翼覆羽近白。亚成鸟似成鸟但无浅色的头顶。虹膜褐色，喙黑色，脚黑褐色。

生活习性： 常在开阔海面上空缓慢盘旋，捕食跃出水面的小鱼，极少如其他燕鸥那样冲入水中捕食。主食鱼类、甲壳类和软体动物。

白燕鸥

Gygis alba

鸻形目 鸥科

形态特征：体长约30cm。成鸟通体白色，仅眼圈黑色，尾略呈叉形，外侧尾羽较第二、三枚尾羽为短，喙甚细尖并略上翘。幼鸟耳斑深色，上背及翼上具灰褐色杂斑，初级飞羽羽轴黑色，两翼较圆。虹膜褐色，喙近黑色，基部蓝色，脚蓝色，蹼偏白。

生活习性：飞行略呈波浪形，偶尔潜入水中捕食，但从不完全没入水中。主食小鱼、甲壳类等。

三趾鸥

Rissa tridactyla

鸻形目 鸥科

形态特征: 体长约41cm。尾略呈叉形, 特征为嘴黄、腿黑、翼尖全黑。越冬成鸟头及颈背具灰色杂斑。第一次越冬鸟嘴黑, 顶冠及后领污色, 飞行时上体具深色不完整的"W"形斑纹, 尾端黑色横带。与楔尾鸥第一次越冬鸟的区别在其具后领且"W"形斑纹较暗, 尾呈叉形。与小鸥的区别在其次级飞羽较白, 头顶色浅。虹膜褐色, 喙黄色, 脚黑色。

生活习性: 栖息于岩礁悬崖顶端及洞穴。完全的海洋性。常跟随船只。主食鱼类、甲壳类和软体动物。

细嘴鸥

Chroicocephalus genei

鸻形目 鸥科

形态特征： 体长约42cm。红色的喙纤细，下体偏粉红色。飞行时初级飞羽白色而羽端黑色。侧看颈部短粗，头前倾而下斜。非繁殖期耳上具灰点。第一次越冬鸟喙橘黄色，眼先及耳后具黑色小斑。翼略具褐色杂斑，尾具黑色次端横带。与红嘴鸥越冬鸟的区别在其耳上深色点斑模糊，喙端无黑色，喙及腿的橘黄色较深。虹膜黄色，喙红色，脚红色。

生活习性： 栖息于沿海岛屿、沙洲、海滩、咸水湖泊、盐田和沼泽地带。主食鱼、昆虫和海洋无脊椎动物。

棕头鸥

Chroicocephalus brunnicephalus

鸻形目 鸥科

形态特征：体长约42cm。背灰色，初级飞羽基部具大块白斑，黑色翼尖具白色点斑为本种识别特征。越冬鸟眼后具深褐色块斑。夏鸟头及颈褐色。与红嘴鸥区别在其虹膜色浅，嘴较厚，体型略大且翼尖斑纹不同。第一次越冬鸟翼尖无白色点斑，尾尖具黑色横带。虹膜淡黄色或灰色，眼周裸皮红色，喙深红色，脚朱红色。

生活习性：栖息于海上、沿海及河口地带。主食鱼、虾、软体动物和水生昆虫。

红嘴鸥

Chroicocephalus ridibundus

鸻形目 鸥科

形态特征：体长约40cm。眼后具黑色点斑（冬季），深巧克力褐色的头罩延伸至顶后，在繁殖期延至白色的后颈。翼前缘白色，翼尖的黑色并不长，翼尖无或微具白色点斑。第一次越冬尾近尖端处具黑色横带，翼后缘黑色，体羽杂褐色斑。与棕头鸥的区别在其体型较小，翼前缘白色明显，翼尖黑色几乎无白色点斑。虹膜褐色，喙红色（亚成体喙尖黑色），脚红色。

生活习性：栖息于湖泊、河流及沿海地带。主食鱼、螺、昆虫，也吃嫩芽和谷物。

黑嘴鸥

Saundersilarus saundersi

鸻形目 鸥科

形态特征： 体长约33cm。夏羽及冬羽均似红嘴鸥，但体型较小，具粗短的黑色喙。夏羽头部的黑色延至颈后，色彩比红嘴鸥深，具清楚的白色眼环。初级飞羽合拢时呈斑马样图纹，飞行时白色后缘清晰可见，翼下初级飞羽外侧黑色。虹膜褐色，喙黑色，脚深红色。

生活习性： 越冬栖息于沿海滩涂沼泽及河口。主食昆虫、虾、蟹、蠕虫等水生无脊椎动物。

保护级别： 国家一级保护野生动物。

小鸥

Hydrocoloeus minutus

鸻形目 鸥科

形态特征: 体长约26厘米。头及喙黑色,头部黑色后延比红嘴鸥长。飞行时整个翼下色深并具狭窄的白色后缘。冬羽头白,顶、眼周及耳覆羽的月牙形斑均灰,尾略凹。第一次越冬鸟飞行时具黑色的 "W" 形图纹,尾端黑色,与第一次越冬楔尾鸥的区别于其尾的形状,且头顶色较暗。虹膜深褐色,喙深红色,脚红色。

生活习性: 栖息于海岸、沙滩、江河出口、咸水湖及沼泽等处。主食昆虫和小鱼。

遗鸥

Ichthyaetus relictus

鸻形目 鸥科

形态特征： 体长约45cm。头黑色，喙及脚红色。与棕头鸥及体型较小的红嘴鸥区别在于其头少褐色而具近黑色头罩，翼合拢时翼尖具数个白点，飞行时前几枚初级飞羽黑色，白色翼镜适中。白色眼睑较宽。越冬鸟耳部具深色斑块，头顶及颈背具暗色纵纹。第一次越冬鸟的喙、翼尖及尾端横带均黑色，颈及两翼具褐色杂斑，飞行时翼后缘比红嘴鸥或棕头鸥色浅。虹膜褐色，喙红色，脚红色。

生活习性： 栖息于湖泊和滨海湿地。主食水生昆虫和无脊椎动物。

保护级别： 国家一级保护野生动物。

渔鸥

Ichthyaetus ichthyaetus

鸻形目 鸥科

形态特征：体长约68cm。头黑色而喙近黄色，上下眼睑白色。冬羽头白，眼周具暗斑，头顶有深色纵纹，喙上红色大部分消失。飞行时翼下全白，仅翼尖有小块黑色并具翼镜。第一次越冬鸟头白，头及上背具灰色杂斑。虹膜褐色，喙黄色，近端处具黑及红色环带，脚绿黄色。

生活习性：栖息于三角洲沙滩、内地海域及干旱平原湖泊。常在水上休息。主食鱼类。

黑尾鸥
Larus crassirostris

鸻形目 鸥科

形态特征: 体长约47cm。两翼长窄,上体深灰色,腰白色,尾白色而具宽大的黑色次端带。冬季头顶及颈背具深色斑。合拢的翼尖上具4个白色斑点。第一次越冬的鸟多沾褐色,脸部色浅,喙粉红色而端黑色,尾黑色,尾上覆羽白色。虹膜黄色,喙黄色近端具黑色环带,尖红色,脚黄绿色。

生活习性: 栖息于沿海湿地和河口地带。主食鱼、虾和水生昆虫。

普通海鸥

Larus canus

鸻形目 鸥科

形态特征： 体长约45cm。腿及无斑环的细嘴绿黄色，尾白色。冬季头及颈散见褐色细纹，有时喙尖有黑色。第一次越冬的鸟尾具黑色次端带，头、颈、胸及两胁具浓密的褐色纵纹，上体具褐斑。虹膜黄色，喙黄绿色，脚黄绿色。

生活习性： 栖息于沿海和内陆湿地。主食鱼、虾和水生昆虫。

灰翅鸥

Larus glaucescens

鸻形目 鸥科

形态特征： 体长约65cm。上背灰色，尾白色，越冬鸟头后及颈背略具褐色纵纹。初级飞羽灰色，无明显翼镜。第一次越冬的鸟全身浅皮黄褐色，下体无反差，后颈明显偏白，嘴厚实、黑色。较第一次越冬的北极鸥色深许多。虹膜褐色，喙黄色，脚粉红色。

生活习性： 栖息于沿海滩涂、池塘。常成对或结小群活动，善飞翔。主食鱼、动物内脏、甲壳类和软体动物。

北极鸥

Larus hyperboreus

鸻形目 鸥科

形态特征：体长约71cm。背及两翼浅灰色。比其他鸥类的色彩浅。越冬成鸟头顶、颈背及颈侧具褐色纵纹。第一次越冬鸟具浅咖啡奶色，逐年变淡。虹膜黄色，喙黄色，带红点，脚粉红色。

生活习性：栖息于沿海湿地。善飞翔和游泳。主食动物腐肉、海星、甲壳类、软体动物、水生昆虫和鱼类。

小黑背银鸥

Larus fuscus

鸻形目 鸥科

形态特征： 体长约60cm。背色较深，夏季头颈白色，冬季头颈具褐色斑纹。头颈部具褐色纵纹，后颈密集暗褐色纵纹。虹膜黄色，喙黄色具红点，脚鲜黄色。

生活习性： 栖息于湖泊、河流和沿海湿地。主食小鱼、甲壳类等。

西伯利亚银鸥

Larus smithsonianus

鸻形目 鸥科

形态特征：体长约62cm。头顶较平，体色灰白，成鸟腿粉红色，冬羽头及颈背白色而具细密深灰色纵纹并及胸部。上体及两翼颜色由浅灰色至深灰色，并略带蓝色，其余纯白色。飞行时深色的初级飞羽端见到两枚大小不一的白色翼镜，夏羽似冬羽，但头颈纯白色。虹膜浅黄色至偏褐色，喙黄色而下端具红点，脚粉红色。

生活习性：栖息于沿海湿地及河口地带。主食小鱼、甲壳类等。

灰背鸥
Larus schistisagus

鸻形目 鸥科

形态特征： 体长约61cm。上体灰色深，腿显粉红色。白色月牙形肩带较宽。冬季成鸟头后及颈部具褐色纵纹。第一次越冬鸟比多数银鸥色深，尾完全深褐色。虹膜黄色，喙黄色而具红点，脚深粉色。

生活习性： 栖息于沿海湿地。主食鱼、蟹和海胆，也吃动物尸体、昆虫和果实。

鸥嘴噪鸥
Gelochelidon nilotica

鸻形目 鸥科

形态特征：体长约39cm。尾狭而尖叉，喙黑色。成鸟冬季下体白色，上体灰色，头白色，颈背具灰色杂斑，黑色块斑过眼。夏季头顶全黑色。虹膜褐色，喙黑色，脚黑色。

生活习性：栖息于沿海湿地、河口、潟湖及内陆湖泊。主食昆虫、虾、蟹和软体动物。

红嘴巨燕鸥

Hydroprogne caspia

鸻形目 鸥科

形态特征：体长约49cm。喙粗大、色红。顶冠夏季黑色，冬季白色并具纵纹。初级飞羽腹面黑色。亚成鸟上体具褐色横斑。第一次越冬鸟似成鸟，但两翼具褐色杂点，顶冠深黑色。虹膜褐色，喙红色，尖偏黑，脚黑色。

生活习性：栖息于沿海湿地、湖泊、池塘、红树林及河口。主食鱼类，也吃甲壳类和昆虫。

大凤头燕鸥

Thalasseus bergii

鸻形目 鸥科

形态特征：体长约45cm。具羽冠，夏季头顶及冠羽黑色，夏冬过渡期头顶具白色杂斑，冬季头顶白色，冠羽具灰色杂斑。上体灰色，下体白色。幼鸟较成鸟灰色深沉，上体具褐色及白色杂斑，尾灰色。虹膜褐色，喙黄绿色，脚黑色。

生活习性：栖息于沿海湿地、河口及岛屿。主食鱼类，也食虾、蟹、软体动物和其他无脊椎动物。

保护级别：国家二级保护野生动物。

小凤头燕鸥
Thalasseus bengalensis

鸻形目 鸥科

形态特征： 体长约40cm。似大凤头燕鸥，但体型较小，繁殖羽前额黑色、具显见的橙红色喙。冬羽仅前额变白，凤头仍为黑色。幼鸟似非繁殖期成鸟，但上体具近褐色杂斑，飞羽深灰色。虹膜褐色，喙橙红色，脚黑色。

生活习性： 栖息于沿海水域及泥滩、沙滩或珊瑚海岸，常在远海觅食。主食鱼类和虾。

中华凤头燕鸥 又名"黑嘴端凤头燕鸥"

Thalasseus bernsteini

鸻形目 鸥科

形态特征：体长约38cm。嘴黄色，尖端黑色。冬羽额白，顶冠黑色、具白色顶纹，枕部成"U"形黑色斑块。亚成鸟似小凤头燕鸥的亚成鸟，但褐色较重，翼内侧色浅并具两道深色横纹，背及尾近白而具褐色杂斑。虹膜褐色，喙黄色而端黑色，脚黑色。

生活习性：栖息于开阔海域、海滩、近海岩礁及小型岛屿。

保护级别：国家一级保护野生动物。

白额燕鸥

Sternula albifrons

鸻形目 鸥科

形态特征：体长约24cm。尾开叉浅。夏季头顶、颈背及过眼线黑色，额白。冬季头顶及颈背黑色减小至月牙形，翼前缘黑色、后缘白色。幼鸟似非繁殖期成鸟，但头顶及上背具褐色杂斑，尾白色而尾端褐色，喙暗淡。虹膜褐色，喙黄色具黑色端（夏季）或黑色，脚黄色。

生活习性：栖息于沿海湿地、海域和小岛屿。主食鱼、虾、昆虫和软体动物。

白腰燕鸥

Onychoprion aleuticus

鸻形目 鸥科

形态特征： 体长约34cm。具黑色的尖喙，脸具白色条纹，把黑色头盔与灰色下体隔开，但翼下次级飞羽白色后缘之前具特征性深色横纹。越冬成鸟头顶及下体白色，与普通燕鸥的区别在其喙及腿较黑，体羽灰色重及特征性翼下斑纹。虹膜深褐色，喙黑色，脚黑色。

生活习性： 栖息于沿海湿地和海域。主食小鱼。

褐翅燕鸥

Onychoprion anaethetus

鸻形目 鸥科

形态特征: 体长约37cm。尾呈深叉形。成鸟除翼上前缘及外侧尾羽白色外,上翼、背及尾均为深褐灰色,下体白色。与乌燕鸥区别在其狭窄的白色前额且狭窄白色眉纹延至眼后。幼鸟褐色浓重,头顶具褐色杂斑,胸灰色,背上具皮黄色横斑,比乌燕鸥幼鸟的点斑少,颈及胸白色。虹膜褐色,喙黑色,脚黑色。

生活习性: 栖息于外海及岛屿,在坏天气或繁殖季节靠近海岸。主食鱼类、甲壳类和软体动物。

乌燕鸥

Onychoprion fuscatus

鸻形目 鸥科

形态特征： 体长约44cm。尾深开叉。似褐翅燕鸥，但上翼及背深烟褐色，无灰色后领环，白色的前额也不延伸成眉线。亚成鸟烟褐色，臀白色，背及上翼具白色点斑成横纹。虹膜褐色，喙黑色，脚黑色。

生活习性： 海洋性鸟类，栖息于远离海岸的洋面或岛屿。主食鱼类和甲壳类，也吃昆虫。

粉红燕鸥

Sterna dougallii

鸻形目 鸥科

形态特征： 体长约39cm。白色的尾甚长而深叉。夏季成鸟头顶黑色，翼上及背部浅灰色，下体白色，胸部淡粉色。冬羽前额白色，头顶具杂斑，粉色消失。初级飞羽外侧羽近黑色。幼鸟喙及腿黑色，头顶、颈背及耳覆羽灰褐，背比普通燕鸥的褐色深，尾白色而无延长。虹膜褐色，喙黑色，繁殖期基部红色，脚繁殖期偏红，其余黑色。

生活习性： 栖息于珊瑚岩和花岗岩岛屿及沙滩。主食小型鱼类，也吃昆虫和海洋无脊椎动物。

黑枕燕鸥

Sterna sumatrana

鸻形目 鸥科

形态特征： 体长约31cm。具形长的叉形尾及特征性的枕部黑色带。上体浅灰色，下体白色，头白色，仅眼前具黑色点斑，颈背具黑色带。第一次越冬鸟头顶具褐色杂斑，颈背具近黑色斑。幼鸟头侧及颈背灰褐色，上体近褐色而具皮黄色及灰色扇贝形斑，腰近白色，尾圆而无叉。虹膜褐色，喙黑色、成鸟喙端黄色，脚黑色（成鸟）、黄色（幼鸟）。

生活习性： 栖息于沙滩及珊瑚海滩，极少到泥滩。主食小鱼，也吃甲壳类、软体动物和浮游生物。

普通燕鸥

Sterna hirundo

鸻形目 鸥科

形态特征：体长约35cm。尾深叉型。繁殖期头顶黑色，胸灰色。非繁殖期上翼及背灰色，尾上覆羽、腰及尾白色，额白，头顶具黑色及白色杂斑，颈背最黑，下体白色。飞行时，非繁殖期成鸟及亚成鸟的特征为前翼具近黑色的横纹，外侧尾羽羽缘近黑色。第一次越冬鸟上体褐色浓重，上背具鳞状斑。虹膜褐色，喙黑色（冬季），基部红色（夏季），脚偏红色。

生活习性：栖息于沿海水域，偶见于内陆淡水区域。主食小鱼、昆虫和甲壳类。

灰翅浮鸥

Chlidonias hybrida

鸻形目 鸥科

形态特征：体长约25cm。繁殖期腹部深色，尾浅开叉。额黑色，胸腹灰色。非繁殖期额白色，头顶具细纹，顶后及颈背黑色，下体白色，翼、颈背、背及尾上覆羽灰色。幼鸟似成鸟但具褐色杂斑，与非繁殖期白翅浮鸥区别在其头顶黑色，腰灰色，无黑色颊纹。虹膜深褐色，喙红色（繁殖期）或黑色，脚红色。

生活习性：常至离海20km左右的内陆，在漫水地和稻田上空觅食。主食小鱼、虾和昆虫。

白翅浮鸥

Chlidonias leucopterus

鸻形目 鸥科

形态特征： 体长约23cm。尾浅开叉。繁殖期成鸟的头、背及胸黑色，与白色尾及浅灰色翼成明显反差；翼上近白，翼下覆羽明显黑色。非繁殖期成鸟上体浅灰色，头后具灰褐色杂斑，下体白色。与非繁殖期灰翅浮鸥区别在其白色颈环较完整，头顶黑色较少，杂斑较多，黑色耳覆羽把黑色头顶及浅色腰隔开。虹膜深褐色，喙红色（繁殖期）或黑色，脚橙红色。

生活习性： 栖息于沿海港湾及河口，也至内陆稻田及沼泽觅食。主食小鱼、虾和昆虫。

中贼鸥

Stercorarius pomarinus

鸻形目 贼鸥科

形态特征： 体长约56cm。具端部呈勺状的形长中央尾羽。有两种色型。浅色型头顶黑色，头侧及颈背偏黄，下体白色，体侧及胸带烟灰色，上体黑褐色，初级飞羽基部淡灰白色，中央尾羽伸出5cm，末端钝而宽。深色型体无白色或黄色。非繁殖期成鸟似亚成鸟，色浅而多杂斑，头顶灰色。虹膜深色，喙黑色，脚黑色。

生活习性： 栖息于开阔海洋。主食鱼、鼠类、昆虫、甲壳类和腐肉。

短尾贼鸥

Stercorarius parasiticus

鸻形目 贼鸥科

形态特征： 体长约45cm。中央尾羽形长。浅色型头顶黑色，头侧及领黄色，下体白色，灰色的胸带或有或无，上体黑褐色，仅初级飞羽基部偏白。深色型通体烟褐色，仅初级飞羽基部偏白。中央尾羽延长成尖，与中贼鸥截然不同。虹膜深色，喙黑色，脚黑色。

生活习性： 活动于海洋，少到近海和内陆。主食鱼类，也吃甲壳类和软体动物。

长尾贼鸥

Stercorarius longicaudus

鸻形目 贼鸥科

形态特征：体长约50cm。中央尾羽形长。与短尾贼鸥的深浅两色型相似，但体型较小，较纤细，性较活跃，中央尾羽飘带更长（比尾端长出14—20cm）。浅色型无灰色胸带。虹膜深色，喙黑色，脚黑色。

生活习性：栖息于海洋、河流和湖泊。主食小鱼、啮齿类、小鸟、昆虫和果实。

长嘴斑海雀

Brachramphus perdix

鸻形目 海雀科

形态特征： 体长约29cm。夏羽上体暗褐色，腰和肩缀有棕色或黄褐色斑。下体白色而密杂以黑褐色斑。冬羽上体黑褐色，头顶黑色，下体白色。尾黑色，非常短，几被尾下覆羽所盖。喙较细长，站立时呈直立姿势。虹膜暗褐色，喙黑色，脚蓝灰色。

生活习性： 栖息于海洋和沿海地区，有时出现于内陆湖泊。主食小鱼、甲壳类等。

扁嘴海雀

Synthliboramphus antiquus

鸻形目 海雀科

形态特征：体长约25cm。头厚，喙粗短而色浅，形似企鹅。繁殖期的特征为头无羽冠，背蓝灰色，下体白色，喉黑色，白色的眉纹呈散开形。非繁殖期眉纹及喉部的黑色消失。飞行时翼下白色，前后缘均色深。虹膜褐色，喙象牙白色，而端深色，脚灰色。

生活习性：栖息于海岸、海岛和开阔海域。主食海洋无脊椎动物和小鱼。

红喉潜鸟

Gavia stellata

潜鸟目 潜鸟科

形态特征：体长约61cm。夏季成鸟的脸、喉及颈侧灰色，特征为一栗色带自喉中心伸至颈前成三角形，颈背多具纵纹。上体其余部位黑褐色无白色斑纹，下体白色。冬季成鸟的颏、颈侧及脸白色，上体近黑而具白色纵纹，头小，颈细，游水时嘴略上扬。虹膜红色，喙绿黑色，脚黑色。

生活习性：繁殖于淡水区域，越冬在沿海水域。主食鱼、虾等

黑喉潜鸟

Gavia arctica

潜鸟目 潜鸟科

形态特征: 体长约68cm。繁殖羽头灰色,喉及前颈具墨绿色光泽,上体黑色具白色方形横纹。颈侧及胸部具黑白色细纵纹。非繁殖羽下体白色上延及颈侧、颏及脸下部,两胁白色斑块明显。与红喉潜鸟的区别在于其头较大而颈显粗,嘴较厚而平端,且上体缺少白色斑纹。虹膜红色,喙灰黑色,脚黑色。

生活习性: 在淡水水域繁殖,冬季常成小群在沿海越冬。主食鱼、虾等。

黄嘴潜鸟

Gavia adamsii

潜鸟目 潜鸟科

形态特征： 体长约83cm。繁殖羽特征为喙象牙白色，头黑色，具白色颈环。非繁殖羽与其他潜鸟区别于体型较大，嘴上扬，上颚中线浅色，头比上体色浅。两胁缺少白色块斑。虹膜红色，喙象牙白色，脚黑色。

生活习性： 繁殖于淡水区，越冬于沿海水域。主食鱼、虾等。

黑背信天翁

Phoebastria immutabilis

鹱形目 信天翁科

形态特征： 体长约80cm。自颏至臀部为全白色，但翼上及背深色。翼下主要为白色，具深色边缘，覆羽具近黑色纵纹。眼及眼周深色。飞行时脚略伸出尾后。幼鸟似成鸟但喙灰色较重。虹膜深褐色，喙黄色而端深色，脚粉灰色。

生活习性： 栖息于开阔海洋的小岛和海域。除繁殖期外不上陆地生活。

黑脚信天翁

Phoebastria nigripes

鹱形目 信天翁科

形态特征： 体长约81cm。体羽多深褐色，仅喙基、尾基部及尾下覆羽具狭窄白色。有些老年成鸟头及胸部褪成近白色。与短尾信天翁的幼鸟区别在于其喙及脚深色。虹膜褐黑色，喙灰黑色，脚黑色。

生活习性： 能长时间在海洋中飞翔，休息亦在海面上。

保护级别： 国家一级重点保护野生动物。

短尾信天翁

Phoebastria albatrus

鹱形目 信天翁科

形态特征： 体长约89cm。背白色，飞行时脚远伸出黑色尾后。体羽从幼鸟的深褐色渐变至亚成鸟的浅色腹部，且具翼上具白斑及背部具鳞状斑纹。成鸟体白色，颈背略带黄色。幼鸟及亚成鸟的色型阶段有可能与体型较小的黑脚信天翁相混淆，其区别在于前者喙浅粉色，脚偏蓝色，嘴基无白色。虹膜褐色，喙粉红色，脚蓝灰色。

生活习性： 善滑翔飞行，栖息于海面，随波逐流。

保护级别： 国家一级保护野生动物。

黑叉尾海燕

Hydrobates monorhis

鹱形目 海燕科

形态特征：体长约20cm。全身体羽深褐色，具明显淡灰色翼斑，外侧初级飞羽中部羽轴白色，外侧翅上覆羽羽缘颜色浅褐色，在翼上形成一条较为明显的翼带，尾部分叉明显。虹膜深色，喙黑色，脚黑色。

生活习性：偶见于沿海海上。繁殖时结成松散的群集，在地上掘穴产卵一枚。主食鱼、虾等。

白额圆尾鹱^{hù}
Pterodroma hypoleuca

鹱形目 鹱科

形态特征： 体长约30cm。体羽色型特别，上体深色，下体多为白色，翼后缘黑色，下覆羽具明显的黑色粗斜线，尾灰黑色。翼部斑纹有别于中国海域的其他鹱。飞行快速及上下翻腾。虹膜深褐色，喙黑色，脚粉红色，趾黑色。

生活习性： 偶见于沿海海域。结群繁殖，掘穴产卵。主食鱼、虾等。

白额鹱 ^{hù}

Calonectris leucomelas

鹱形目 鹱科

形态特征：体长约48cm。上体深褐色，脸及下体白色，头及胸部具深色纵纹。与浅色型的楔尾鹱区别在其脸白及喙部色彩。虹膜褐色，喙角质色，脚带粉色。

生活习性：栖息于沿海岛屿。善飞翔，善游泳，潜水捕食。主食鱼、虾等。

楔尾鹱
^{hù}

Ardenna pacificus

鹱形目 鹱科

形态特征： 体长约43cm。通体褐色，尾呈楔形。有深浅两色型。深色型全身深巧克力色。浅色型上体褐色，下体近白色，翼下缘及尾下覆羽深色。虹膜褐色，喙深灰色，脚肉色。

生活习性： 栖息于沿海岛屿和海域。主食鱼、虾等。

灰鹱
Ardenna grisea

鹱形目 鹱科

形态特征： 体长约44cm。体型细长的烟褐色鹱，翼下覆羽银白色，在振翼及滑翔时看似白色闪辉，与楔尾鹱区别在其翼下覆羽白色，脚色深，飞行较快且较直。虹膜深褐色，喙深灰色，脚近黑色。

生活习性： 栖息于沿海海域。主食鱼、虾等。

褐燕鹱^{hù}

Bulweria bulwerii

鹱形目 鹱科

形态特征： 体长约28cm。体小的烟褐色鹱。下体浅褐色。翼上覆羽具浅色横纹。与黑叉尾海燕区别在其体型较大，尾长楔形，飞行时显得长而尖。虹膜褐色，喙黑色，脚偏粉色，具黑色蹼。

生活习性： 栖息于沿海岛屿。飞行较海燕更强劲有力而灵活。主食鱼、虾等。

彩鹳
^{guàn}

Mycteria leucocephala

鹳形目 鹳科

形态特征：体长约100cm。胸具黑色带，两翼黑白色，尾黑色，喙下弯，头部裸露皮肤偏红色。繁殖期背羽沾粉红。飞行时两翼黑色，翼上大覆羽及翼下覆羽具白色宽带，其余翼上覆羽则具狭窄白色带。亚成鸟褐色，两翼黑色，腰及臀白色。虹膜褐色，喙橘黄色，脚粉红色。

生活习性：结群繁殖于水中树丛。于池塘、湖泊及河流的水边取食。

保护级别：国家一级保护野生动物。

黑鹳
Ciconia nigra

鹳形目 鹳科

形态特征： 体长约100cm。下胸、腹部及尾下白色，其他部位黑色具绿色和紫色的光泽。飞行时翼下黑色，仅三级飞羽及次级飞羽内侧白色。眼周裸露皮肤红色。亚成鸟上体褐色，下体白色。虹膜褐色，喙红色，脚红色。

生活习性： 栖息于沼泽、池塘、湖泊、河流沿岸及河口。主食鱼类。

保护级别： 国家一级保护野生动物。

东方白鹳^{guàn}

Ciconia boyciana

鹳形目 鹳科

形态特征：体长约105cm。纯白色，两翼和厚直的喙黑色，眼周裸露皮肤粉红色。飞行时黑色初级飞羽及次级飞羽与纯白色体羽成强烈对比。亚成鸟污黄白色。虹膜稍白色，喙黑色，脚红色。

生活习性：于树上、柱子上营巢。结群活动，取食于湿地。主食鱼、蛙和昆虫等。

保护级别：国家一级保护野生动物。

白腹军舰鸟

Fregata andrewsi

鲣鸟目 军舰鸟科

形态特征： 体长约95cm。雄鸟体羽为绿黑色，喉囊红色，以白色腹部为特征。雌鸟胸腹部的白色延伸至翼下及领环，眼周裸露皮肤粉红色。幼鸟多褐色，头浅锈褐色，胸部具偏黑色的宽带。虹膜深褐色，喙黑色（雄）、偏粉色（雌或幼鸟），脚紫灰色，脚底肉色。

生活习性： 常在海面上飞行，抢劫其他水鸟食物。食物包括鱼、虾和幼鸟等。

保护级别： 国家一级保护野生动物。

黑腹军舰鸟

Fregata minor

形态特征：体长约95cm。雄鸟体羽几乎全黑色，仅翼上覆羽具浅色横纹，喉囊绯红色。雌鸟颏及喉灰白色，上胸白色，翼下基部无或极少白色，眼周裸露皮肤粉红色。亚成鸟上体深褐色，头、颈及下体灰白沾铁锈色，与白斑军舰鸟的区别在黑腹军舰鸟体型较大，下腹部白色，翼下基部较少白色。虹膜褐色，喙青蓝色（雄）、近粉色（雌），脚偏红色（成）、蓝色（幼）。

生活习性：常在海面上飞行，抢劫其他水鸟食物。食物包括鱼、虾和幼鸟等。

保护级别：国家二级保护野生动物。

白斑军舰鸟

Fregata ariel

鲣鸟目 军舰鸟科

形态特征：体长约76cm。雄鸟全身近黑色，仅两胁及翼下基部具白色斑块，喉囊红色。雌鸟黑色，头近褐色，胸及腹部具凹形块白色，翼下基部有些白色，眼周裸露皮肤粉红色或蓝灰色，额黑色。虹膜褐色，喙灰色，脚红黑色。

生活习性：常在海面上飞行，抢劫其他水鸟食物。食物包括鱼、虾和幼鸟等。

保护级别：国家二级保护野生动物。

蓝脸鲣鸟

Sula dactylatra

鲣鸟目 鲣鸟科

形态特征： 体长约86cm。成鸟特征为前额及翼上覆羽白色，背白色，头白色而具黑色斑纹。幼鸟似褐鲣鸟但具白色领环，上体褐色较浅，翼下具横斑。虹膜黄色，喙黄色，脚黄至灰色。

生活习性： 营海洋性生活，喜结群，海岛上繁殖。食物几乎全是鱼类。

保护级别： 国家二级保护野生动物。

红脚鲣^{jiān}鸟

Sula sula

鲣鸟目 鲣鸟科

形态特征： 体长约48cm。有深色型和浅色型，脚红尾白。浅色型体羽多白色，初级飞羽和次级飞羽黑色。深色型头、背及胸烟褐色，尾白色。所有色型均具红脚及粉红色的嘴基。亚成鸟全身烟褐色。虹膜褐色，喙偏灰色，基部裸露皮肤蓝色。

生活习性： 营海洋性生活，喜结群，于海岛上繁殖。食物几乎全是鱼类。

保护级别： 国家二级保护野生动物。

褐鲣鸟
^{jiān}

Sula leucogaster

鲣鸟目 鲣鸟科

形态特征：体长约48cm。头及尾深色。成鸟深烟褐色，腹部白色。亚成鸟浅烟褐色替代成鸟的白色。脸上裸露皮肤雌鸟橙红色，雄鸟偏蓝色。虹膜灰色，喙黄色（成鸟），灰色（幼鸟），脚黄绿色。

生活习性：营海洋性生活，喜结群，海岛上繁殖。食物几乎全是鱼类。

保护级别：国家二级保护野生动物。

海鸬鹚

Phalacrocorax pelagicus

鲣鸟目 鸬鹚科

形态特征： 体长约70cm。体羽黑色具光泽。脸红色，繁殖期冠羽较稀疏而松软，脸部红色不及额部，但脸颊红色较多。喙较其他鸬鹚细。幼鸟及非繁殖期的鸟脸粉灰色。虹膜蓝色，喙黄色，脚灰色。

生活习性： 栖息于沿海或岛屿较陡的岩石上。主食鱼、虾，也食少量海藻和海带等。

保护级别： 国家二级保护野生动物。

普通鸬鹚

Phalacrocorax carbo

鲣鸟目 鸬鹚科

形态特征：体长约90cm。体羽偏黑色闪光，喙厚重，脸颊及喉白色。繁殖期颈及头饰以白色丝状羽，两胁具白色斑块。亚成鸟深褐色，下体污白。虹膜蓝色，喙黑色，基部裸露皮肤黄色，脚黑色。

生活习性：沿海各地广泛分布，栖息于近海岛屿和岩石上。主食鱼类。

绿背鸬鹚

Phalacrocorax capillatus

鲣鸟目 鸬鹚科

形态特征：体长约81cm。似普通鸬鹚但两翼及背部具偏绿色光泽。繁殖期成鸟头及颈绿色具光泽，头侧具稀疏的白色丝状羽，脸部白色块斑比普通鸬鹚大，腿也具白色块斑。冬季黑褐色，额及喉白色。嘴基裸露皮肤黄色。幼鸟胸部色浅。虹膜蓝色，喙黄色，脚灰黑色。

生活习性：栖息于沿海湿地。主食鱼类。

黑头白鹮 ^{huán} 原名 "白鹮"

Threskiornis melanocephalus

鹈形目 鹮科

形态特征： 体长约76cm。体羽白色，头黑色，嘴长而下弯。尾为灰色的蓬松丝状三级覆羽所覆盖。夏季翅下有裸露的深红色皮肤斑，冬季皮肤斑为橙红色。虹膜红褐色，喙黑色，脚黑色。

生活习性： 栖息于多植被的湖泊、水塘及沼泽。

保护级别： 国家一级保护野生动物。

朱鹮 huán

Nipponia nippon

鹈形目 鹮科

形态特征：体长约55cm。脸朱红色，喙长而下弯，端红色，颈后饰羽长，为白或灰色(繁殖期)，腿绯红色。亚成鸟灰色，部分成鸟仍为灰色。夏季灰色较浓，饰羽较长。飞行时飞羽下面红色。虹膜黄色，喙黑色而端红色，脚绯红色。

生活习性：栖息于疏林地带，在树上结群营巢。在附近农田及自然沼泽区地取食，主食鱼、虾、蛙、螺和昆虫等。

保护级别：国家一级保护野生动物。

彩鹮

Plegadis falcinellus

鹈形目 鹮科

形态特征： 体长约60cm。体羽多深栗色带闪光，看似大型的深色杓鹬，上体具绿色及紫色光泽。虹膜褐色，喙近黑色，脚绿褐色。

生活习性： 结小群栖息于沼泽、稻田及漫水草地，与白鹭及苍鹭混群营巢。主食水生昆虫、小型无脊椎动物。

保护级别： 国家一级保护野生动物。

白琵鹭

Platalea leucorodia

鹈形目 鹮科

形态特征： 体长约84cm。头部裸出部位呈黄色，自眼先至眼有黑色线。比黑脸琵鹭体型略大，脸部黑色少，白色羽毛延伸过喙基，喙色较浅。虹膜红或黄色。喙长，呈琵琶形，灰色，端黄色。脚近黑色。

生活习性： 喜泥泞水塘、湖泊或泥滩，在水中缓慢前进，嘴往两旁摆动以寻找食物。主食小型水生动物，也食水生植物。

保护级别： 国家二级保护野生动物。

黑脸琵鹭

Platalea minor

鹈形目 鹮科

形态特征： 体长约76cm。喙长且上下扁平，先端扩大成匙状，灰黑色而形似琵琶。额、喉、脸、眼周和眼先全为黑色，且与嘴黑色融为一体。其余全身为白色，繁殖期间头后枕部有长而呈发丝状的黄色冠羽，前颈下部有黄色颈圈。虹膜褐色，喙深灰色，腿及脚黑色。

生活习性： 栖息于水塘、湖泊、河口和沿海滩涂。在水中缓慢前进，嘴往两旁摆动以寻找食物，主食鱼、虾、蟹、昆虫及软体动物。

保护级别： 国家一级保护野生动物。

大麻鳽
yán

Botaurus stellaris

鹈形目 鹭科

形态特征： 体长约75cm。顶冠黑色，颏及喉白色
且其边缘接明显的黑色颊纹。头侧金色，其余体
羽多具黑色纵纹及杂斑。飞行时具褐色横斑的飞
羽与金色的覆羽及背部成对比。虹膜黄色，喙黄
色，脚黄绿色。

生活习性： 性隐蔽，栖息于多高水草地带。有时被
发现时就地凝神不动，喙垂直上指。主食啮齿类、
鱼和蛙。

黄斑苇鸦 ^{yán}

Ixobrychus sinensis

鹈形目 鹭科

形态特征：体长约32cm。成鸟顶冠黑色，上体淡黄褐色，下体皮黄色，黑色的飞羽与皮黄色的覆羽成强烈对比。亚成鸟似成鸟但褐色较浓，全身满布纵纹，两翼及尾黑色。虹膜黄色，眼周裸露皮肤为黄绿色，喙绿褐色，脚黄绿色。

生活习性：栖息于生长芦苇的湿地中，也喜稻田。主食鱼、虾和昆虫等。

紫背苇鳽
Ixobrychus eurhythmus

鹈形目 鹭科

形态特征： 体长约33cm。雄鸟头顶黑色，上体紫栗色，下体具皮黄色纵纹，喉及胸有深色纵纹形成的中线。雌鸟及亚成鸟褐色较重，上体具黑白色及褐色杂点，下体具纵纹。飞行时翼下灰色为其特征。虹膜黄色，喙黄绿色，脚绿色。

生活习性： 栖息于生长芦苇的湿地中，也喜稻田。主食鱼类及水生昆虫。

栗苇鳽

^{yán}

Ixobrychus cinnamomeus

鹈形目 鹭科

形态特征： 体长约41cm。雄鸟上体栗色，下体黄褐色，喉及胸具由黑色纵纹而成的中线，两胁具黑色纵纹，颈侧具偏白色纵纹。雌鸟色暗，褐色较浓。亚成鸟下体具纵纹及横斑，上体具点斑。虹膜黄色，基部裸露皮肤为橘黄色，喙黄色，脚绿色。

生活习性： 栖息于生长芦苇的湿地中，也喜稻田。主食水生昆虫和种子。

黑苇鳽 ^{yán}

Ixobrychus flavicollis

鹈形目 鹭科

形态特征： 体长约54cm。雄鸟通体青灰色（似黑色），颈侧黄色，喉具黑色及黄色纵纹。雌鸟褐色较浓，下体白色较多。亚成鸟顶冠黑色，背及两翼羽尖黄褐色或褐色鳞状纹。喙长而形如匕首，使其有别于色彩相似的其他鳽。虹膜红色或褐色，喙黄褐色，脚黑褐色而有变化。

生活习性： 栖息于湿地，也喜到竹林、稻田活动。主食鱼、虾、泥鳅和水生昆虫。

海南鸭 原名"海南虎斑鸭"

Gorsachius magnificus

鹈形目 鹭科

形态特征： 体长约58cm。上体、顶冠、头侧斑纹、冠羽及颈侧线条深褐色。胸具矛尖状皮黄色长羽，羽缘深色；上颈侧橙褐色。翼覆羽具白色点斑，翼灰色。雄鸟具粗大的白色过眼纹，颈白，胸侧黑色，翼上具棕色肩斑。虹膜黄色，喙偏黄色而端黑色，脚黄绿色。

生活习性： 栖息于山地丘陵地带、小溪旁、沼泽地的密林中。主食小鱼、蛙和昆虫等。

保护级别： 国家一级保护野生动物。

栗头鸦
_{yán}

Gorsachius goisagi

鹈形目 鹭科

形态特征：体长约49cm。似黑冠鸦，但区别在于喙及头顶冠形小，颈背灰褐色至栗色而非黑色，翼尖非白色。翼上具特征性黑白色肩斑；上体深褐色而具较浅的蠹斑；下体皮黄色，有由深褐色纵纹形成的中线。飞行时灰色的飞羽与褐色覆羽成对比。虹膜黄色，喙角质色，脚暗绿色。

生活习性：栖息于山区密林的河谷、溪流和沼泽。

保护级别：国家二级保护野生动物。

黑冠鳽^{yán}

Gorsachius melanolophus

鹈形目 鹭科

形态特征：体长约49cm。喙粗短而上嘴下弯。成鸟冠羽形短、黑色，上体栗褐色并多具黑色点斑，下体棕黄色且具黑白色纵纹，颏白并具由黑色纵纹而成的中线。飞行时黑色的飞羽及白色翼尖有别于栗苇鳽。亚成鸟上体深褐色且具白色点斑及皮黄色横斑，下体苍白具褐色点斑及横斑。与夜鹭亚成鸟的区别在于其喙较粗短。虹膜黄色，眼周裸露皮肤为橄榄色，喙橄榄色，脚橄榄色。

生活习性：栖息于山区密林的河谷、溪流和沼泽。

保护级别：国家二级保护野生动物。

夜鹭

Nycticorax nycticorax

鹈形目 鹭科

形态特征： 体长约61cm。头顶、上背及肩等下黑绿色，额和眉纹白色，枕后有2—3枚白色较长的带状羽，上体余部灰色，下体均白色。虹膜红色，黄色（幼），喙黑色，脚黄色。幼年上体暗褐色具明显的淡褐色斑点，下体白色，具黑褐色纵纹。

生活习性： 群栖树上，晨昏时分散进食，取食于稻田、草地及水塘。主食鱼、蛙和昆虫。

绿鹭

Butorides striata

鹈形目 鹭科

形态特征：体长约43cm。成鸟头顶羽冠黑色，并具绿色的金属光泽，眼先到眼下具有黑色纹，翅及尾青蓝色并具绿色光泽，肩上和背部具有蓝色的矛状羽，腹部和胁部灰褐色。幼鸟黄褐色，颈侧具纵纹，翅上有白色点状斑。虹膜黄色，脸部裸皮蓝色，喙黑色，脚黄绿色。

生活习性：常单独活动于溪流或河流植被茂盛的岸边。主食昆虫和蛙。

池鹭

Ardeola bacchus

鹈形目 鹭科

形态特征: 体长约47cm。翼白色,身体具褐色纵纹。繁殖羽头及颈深栗色,胸紫酱色。冬季站立时具褐色纵纹,飞行时体白色而背部深褐色。虹膜褐色,喙黄色,腿及脚灰绿色。

生活习性: 栖息于稻田或其他漫水地带,单独或小群进食。主食鱼、虾、螺、泥鳅和水生昆虫。

牛背鹭

Bubulcus ibis

鹈形目 鹭科

形态特征：体长约50cm。繁殖羽体白色，头、颈、胸沾橙黄色；虹膜、喙、腿及眼先短期呈亮红色。非繁殖羽体白色，仅部分鸟额部沾橙黄色。与其他鹭区别在其体型较粗壮，颈较短而头圆，喙较短厚。虹膜黄色，喙黄色，脚暗黄至近黑色。

生活习性：多见于平原、耕地、沼泽、池塘等地。捕食水牛等家畜从草地上引来或惊起的昆虫。

苍鹭

Ardea cinerea

鹈形目 鹭科

形态特征： 体长约92cm。整体灰色，成鸟过眼纹及冠羽黑色，飞羽、翼角及两道胸斑黑色，头、颈、胸及背白色，颈具黑色纵纹，余部灰色。幼鸟的头及颈灰色较重，但无黑色。虹膜黄色，喙黄绿色，脚偏黑色。

生活习性： 常活动于沼泽、水塘和沿海滩涂。在浅水中捕食。冬季有时成大群。主食鱼类，也吃昆虫、鼠和蛙。

草鹭

Ardea purpurea

鹈形目 鹭科

形态特征： 体长约80cm。整体褐色，顶冠黑色并具两道饰羽，颈棕色且颈侧具黑色纵纹。背及覆羽灰色，飞羽黑色，其余体羽红褐色。虹膜黄色，喙褐色，脚红褐色。

生活习性： 活动于稻田、芦苇地、湖泊及溪流。性孤僻，常单独在有芦苇的浅水中，低歪着头伺机捕鱼及其他食物。主食鱼类、蛙类和昆虫。

大白鹭

Ardea alba

鹈形目 鹭科

形态特征： 体长约95cm。比其他白色鹭大许多，喙较厚重，颈部具特别的扭结，喙裂超过眼睛。繁殖期脸颊裸露皮肤蓝绿色，喙黑色，腿部裸露皮肤红色，脚黑色。非繁殖期脸颊裸露皮肤黄色，喙黄而嘴端常为深色，腿及脚黑色。虹膜黄色。

生活习性： 栖息于湖泊、沼泽、池塘、河口和沿海滩涂等地。一般单独或小群，在湿润或漫水的地带活动。主食鱼类、蛙类和昆虫等。

中白鹭

Ardea intermedia

鹈形目 鹭科

形态特征： 体长约69cm。大小在白鹭与大白鹭之间，喙相对短，喙裂不超过眼睛。繁殖期其背及胸部有松软的长丝状羽，喙及腿短期呈粉红色，脸部裸露皮肤灰色。虹膜黄色，喙黄色而端褐色，腿及脚黑色。

生活习性： 栖息于稻田、湖畔、沼泽地、红树林及沿海泥滩。主食鱼类、蛙类和昆虫。

白脸鹭

Egretta novaehollandiae

鹈形目 鹭科

形态特征： 体长约70cm。蓝灰色身体和独特的白脸，喙长而尖直，翅大而长。前额、冠、下颏和上部喉头白色。顶冠颜色易变，白色有时沿着颈部延伸到脖子下。虹膜暗灰色，喙黑色，脚灰褐色。

生活习性： 栖息于沼泽、水塘、草原、耕地和沿海滩涂。主食鱼类、蛙类和昆虫等。

白鹭

Egretta garzetta

鹈形目 鹭科

形态特征：体长约60cm。与牛背鹭区别在其体型较大而纤瘦，喙及腿黑色，趾黄色，繁殖羽纯白，颈背具细长饰羽，背及胸具蓑状羽。虹膜黄色，脸部裸露皮肤黄绿色。

生活习性：栖息于稻田、河岸、沙滩、泥滩及河口水域。主食鱼、泥鳅、青蛙和昆虫。

岩鹭

Egretta sacra

鹈形目 鹭科

形态特征： 体长约58cm。有两种色型，灰色型体羽清灰色并具短冠羽，近白色的颏在野外清楚可见。白色型与牛背鹭区别在于体型较大，头及颈狭窄。与其他鹭区别在于腿偏绿色且相对较短，喙浅色。虹膜黄色，喙浅黄色，脚绿色。

生活习性： 栖息于沿海岸线地带，在岩石或悬崖上休息，于水边捕食。主食鱼、虾、蟹、昆虫和软体动物。

保护级别： 国家二级保护野生动物。

黄嘴白鹭

Egretta eulophotes

鹈形目 鹭科

形态特征：体长约68cm。腿偏绿色，喙黑而下颚基部黄色。冬季与白鹭区别在于其体型略大，腿色不同；与岩鹭的浅色型区别在于其腿较长，喙色较暗。繁殖期喙黄色，腿黑色，脸部裸露皮肤蓝色。虹膜黄褐色，喙黑色，下基部黄色，脚黄绿到蓝绿色。

生活习性：栖息于沿海滩涂、河口、红树林和岛屿。在浅水或滩涂上漫步觅食，以鱼、虾和蚝等为食。

保护级别：国家一级保护野生动物。

白鹈鹕
^{tí　hú}

Pelecanus onocrotalus

鹈形目 鹈鹕科

形态特征：体长约160cm。体羽粉白色，仅初级飞羽及次级飞羽褐黑色。头后具短羽冠，胸部具黄色羽簇。亚成鸟褐色。虹膜红色，喙铅蓝色，裸露喉囊黄色，脸上裸露皮肤粉红色，脚粉红色。

生活习性：栖息于湖泊、沼泽、海岸和河口。喜集群捕食，主食鱼类。

保护级别：国家一级保护野生动物。

斑嘴鹈鹕

Pelecanus philippensis

鹈形目 鹈鹕科

形态特征： 体长约140cm。体羽灰色，喙具蓝色斑点。两翼深灰色，体羽无黑色，喉囊紫色且具黑色云状斑，颈背具短直羽簇。虹膜浅褐色，眼周裸露皮肤偏粉，喙粉红色，脚褐色。

生活习性： 栖息于湖泊、沼泽、海岸和河口。主食鱼类，也吃蛙、虾、蟹、蜥蜴和蛇等。

保护级别： 国家一级保护野生动物。

卷羽鹈鹕
Pelecanus crispus

鹈形目 鹈鹕科

形态特征： 体长约175cm。体羽灰白色，眼浅黄色，喉囊橘黄或黄色。翼下白色，仅飞羽羽尖黑色（白鹈鹕翼部的黑色较多）。颈背具卷曲的冠羽。额上羽不似白鹈鹕前伸而是成月牙形线条。虹膜浅黄色，眼周裸露皮肤粉红色，喙上颚灰色，下颚粉红色，脚近灰色。

生活习性： 栖息于淡水湖泊、沼泽、河口和海湾。以鱼、虾、蟹、蛙和软体动物等为食。

保护级别： 国家一级保护野生动物。

è
鹗

Pandion haliaetus

鹰形目 鹗科

形态特征：体长约55cm。头及下体白色，具黑色贯眼纹，延至颈侧，上体暗褐色，背部有白色小斑，从耳羽到颈侧有黑色纵纹，下体白色，上胸有棕褐色粗纹，飞行时两翅狭长，翅下覆羽多白色，尾扇形，上胸有黑褐色横带。

生活习性：栖息在水域附近。主食鱼类。

保护级别：国家二级保护野生动物。

黑翅鸢 ^{yuān}

Elanus caeruleus

鹰形目 鹰科

形态特征：体长约30cm。成鸟前额灰白色，眼先和眼上有狭窄黑色眉纹，头顶、背、翼覆羽及尾基部灰色，脸、颈及下体白色，肩部具明显黑斑，虹膜朱红色。

生活习性：栖息在开阔的田野。主食蛙、鼠和昆虫。

保护级别：国家二级保护野生动物。

凤头蜂鹰
Pernis ptilorhynchus

鹰形目 鹰科

形态特征： 体长约58cm。中型猛禽，上体通常为黑褐色，头侧为灰色，喉部白色，具有黑色的中央斑纹，其余下体为棕褐色或栗褐色。头顶暗褐色至黑褐色，头侧具有短而硬的鳞片状羽毛，头的后枕部具有短的黑色羽冠。虹膜金黄色或橙红色，喙黑色，脚和趾为黄色，爪黑色。

生活习性： 栖息于疏林和林缘地带。主食蜂类及其他昆虫，也吃鼠类、小鸟、蛇类、蜥蜴和蛙等。

保护级别： 国家二级保护野生动物。

黑冠鹃隼^{sǔn}

Aviceda leuphotes

鹰形目 鹰科

形态特征： 体长约32cm。整体体羽黑色，具黑色的长冠羽，胸具白色宽纹，翼具白斑，腹部具深栗色横纹。两翼短圆，飞行时可见黑色衬，翼灰色而端黑。

生活习性： 栖息于热带、亚热带湿性常绿阔叶林中，多单个活动。主食昆虫和小型脊椎动物。

保护级别： 国家二级保护野生动物。

秃鹫
Aegypius monachus

鹰形目 鹰科

形态特征：体长约100cm。通体乌褐色，飞羽和尾更黑，头裸出，皮黄色，被污褐色绒羽，喉及眼下部分黑色，嘴角质色，具松软翎颌，翎颌淡褐色近白色，颈部灰蓝色，胸前密被有毛状绒羽，两侧还各有明显的一束蓬松矛状长羽；胸腹各羽微具较淡色纵纹；肛周和尾下覆羽褐白色；覆腿羽黑褐色。

生活习性：栖息于高山地带。主食动物尸体。

保护级别：国家一级保护野生动物。

蛇雕

Spilornis cheela

鹰形目 鹰科

形态特征： 体长约50cm。成鸟具短宽而蓬松的黑白色羽冠，眼及嘴间黄色裸露，上体深褐色或灰色，下体褐色，腹部、两胁及臀具白色点斑，尾部黑色横斑间以灰白色的宽横斑，飞行时尾部宽阔的白色横斑及白色的翼后缘明显，两翼圆宽而尾短。亚成鸟褐色较浓，体羽多白色。

生活习性： 栖息于热带、亚热带山林间。主食蛇，也吃鼠和小型鸟类。

保护级别： 国家二级保护野生动物。

鹰雕

Nisaetus nipalensis

鹰形目 鹰科

形态特征： 体长约74cm。成鸟具狭长形黑色冠羽，眉纹和颊纯棕白色，上体褐色，具黑、白色纵纹及杂斑。尾羽暗褐色，具4—5条宽阔的黑褐色横斑，颏、喉及下体淡棕白色，具黑色的喉中线及纵纹。胸部具黑褐色纵纹，下腹部、大腿及尾下棕色而具白色横斑。

生活习性： 栖息于森林地带。主食野兔、鸟和蜥蜴等。

保护级别： 国家二级保护野生动物。

林雕

Ictinaetus malaiensis

鹰形目 鹰科

形态特征： 体长约70cm。成鸟通体黑褐色，尾上覆羽淡褐色、具白色横斑，尾羽具灰色横斑。幼鸟上体较淡、褐色，头颈部羽缘棕褐色，下体具棕褐色滴状斑，腹部和两胁具暗色纵纹

生活习性： 栖息于常绿阔叶林中。主食鼠、蛇及小型鸟类。

保护级别： 国家二级保护野生动物。

乌雕

Clanga clanga

鹰形目 鹰科

形态特征： 体长约70cm。整体深褐色，上体稍具紫色金属光泽，尾上覆羽均具白色的"U"形斑，飞行时从上方可见。

生活习性： 栖息于沼泽或其附近林地。主食鼠、蛙、蜥蜴及昆虫等。

保护级别： 国家一级保护野生动物。

草原雕

Aquila nipalensis

鹰形目 鹰科

形态特征：体长约65cm。整体黑褐色，飞羽具较暗横斑，外侧飞羽黑色，具褐色与污白相间的横斑，下体暗土褐色，具灰色稀疏的横斑，两翼具深色后缘。雌鸟体型较大。

生活习性：栖息于山地开阔的草地。主食鼠、蛇、蜥蜴和小型鸟类，也吃动物尸体。

保护级别：国家一级保护野生动物。

白肩雕

Aquila heliaca

鹰形目 鹰科

形态特征：体长约75cm。头顶及颈背皮黄色，上背两侧羽尖白色，尾基部具黑色及灰色横斑，与其余的深褐色体羽成对比，飞行时身体及翼下覆羽全黑色。幼鸟皮黄色，体羽及覆羽具深色纵纹，飞行时翼上有狭窄的白色后缘，尾、飞羽均色深，仅初级飞羽楔形，尖端色浅，下背及腰具大片乳白色斑，飞行时从上边看覆羽有两道浅色横纹，跗跖被羽。

生活习性：栖息于海拔2000m以下的山地针阔混交林和阔叶林。主食鼠、野兔、鸟、蛇和蜥蜴等，也吃动物尸体。

保护级别：国家一级保护野生动物。

金雕

Aquila chrysaetos

鹰形目 鹰科

形态特征：体长约85cm。整体深褐色，头顶和颈部金色，肩部较淡，背肩部稍有紫色光泽，尾羽灰褐色具不规则的暗灰褐色横斑或斑纹和一宽阔的黑褐色端斑，嘴巨大。

生活习性：栖息于高山草原和森林。主食大型鸟类和兽类，也吃动物尸体。

保护级别：国家一级保护野生动物。

白腹隼雕

Aquila fasciata

鹰形目 鹰科

形态特征：体长约59cm。雄鸟上体黑褐色，肩羽褐色，尾灰色、具7条窄的暗褐色波浪形横斑和宽阔的黑褐色端斑，胸部色浅而具深色纵纹，跗跖被褐色羽，飞行时上背具白色块斑。雌鸟较雄鸟浅淡，体型较大。

生活习性：栖息于低山、丘陵地带森林中的悬崖和河谷岩石。主食鼠、鸟、野兔、蛇、蜥蜴和体大的昆虫。

保护级别：国家二级保护野生动物。

凤头鹰

Accipiter trivirgatus

鹰形目 鹰科

形态特征： 体长约42cm。头顶黑灰色、具短羽冠，颈较淡、具黑色羽干纹，两翼及尾具横斑，额、喉和胸白色，额和喉具一黑褐色中央纵纹，下体棕色，胸部具白色纵纹，腹部及大腿白色、具近黑色粗横斑，尾淡褐色，具3—4条黑褐色横带。

生活习性： 栖息于常绿阔叶林中。主食小型鸟类、蜥蜴和鼠等。

保护级别： 国家二级保护野生动物。

褐耳鹰

Accipiter badius

鹰形目 鹰科

形态特征：体长约33cm。雄鸟上体蓝灰色，头灰白色，颊灰色而缀有棕色，后颈有一条红褐色领圈，初级飞羽黑灰色，尖端黑色，喉白并具浅灰色纵纹，胸及腹部具棕色及白色细横纹，尾羽具5条黑褐色横斑和淡白色端斑。雌鸟上体较褐灰色，喉常为灰色，中央一对尾羽有明显的黑褐色亚端斑。

生活习性：栖息于山地和平原地带的稀疏林地、农田、草地、林缘等水边。主食鸟、蛙、蜥蜴、鼠和大的昆虫。

保护级别：国家二级保护野生动物。

赤腹鹰

Accipiter soloensis

鹰形目 鹰科

形态特征： 体长约33cm。雄鸟上体淡蓝灰色，背部羽尖略具白色，翼和尾灰褐色，外侧尾羽具不明显黑色横斑，颏、喉乳白色，胸和两胁淡红褐色，下胸具少数不明显的横斑，腹中央和尾下覆羽白色。雌鸟体色稍深，胸棕色较浓，有较多的灰色横斑。

生活习性： 栖息于山地森林和林缘地带。主食蛙和蜥蜴等。

保护级别： 国家二级保护野生动物。

日本松雀鹰

Accipiter gularis

鹰形目 鹰科

形态特征: 体长约27cm。雄鸟上体和翅表面石板灰色,尾灰褐色,具3道黑色横斑和1道宽的黑色端斑,头两侧较淡,喉乳白色并具一条窄的黑灰色中央纹,胸、腹和两胁白色或乳白色并具淡灰色或棕红色横斑。雌鸟上体较褐色,下体白色具细的灰褐色横斑。

生活习性: 栖息于山地针叶林和针阔混交林中。主食小型鸟类,也吃昆虫、蜥蜴等。

保护级别: 国家二级保护野生动物。

松雀鹰
Accipiter virgatus

鹰形目 鹰科

形态特征： 体长约33cm。雄鸟上体黑灰色，喉白色，喉中央有一条宽阔黑色中央纹，其余下体白色或灰白色、具褐色或棕红色斑，尾具4道暗色横斑。雌鸟个体较大，上体暗褐色，下体白色具暗褐色或赤棕褐色横斑。

生活习性： 栖息于茂密的针叶林、常绿阔叶林及开阔的林缘或疏林地。主食小型鸟类，也吃蜥蜴、鼠和昆虫等。

保护级别： 国家二级保护野生动物。

雀鹰

Accipiter nisus

鹰形目 鹰科

形态特征： 雄鸟体长约32cm，上体暗灰色，尾羽灰褐色，具4—5道黑褐色横斑、灰白色端斑和较宽的黑褐色次端斑，眼先灰色且具黑色刚毛，头侧和脸棕色，下体白色，额和喉满布褐色羽干细纹，胸、腹和两胁具红褐色或暗褐色细横斑。雌鸟体长约38cm，上体灰褐色，头顶和后颈具白斑，尾羽暗褐色，头侧和脸乳白色，沾淡棕黄色，下体乳白色，额和喉具较宽的暗褐色纵纹，胸、腹、两胁和覆腿羽均具暗褐色横斑。

生活习性： 栖息于山地针叶林、针阔混交林和常绿阔叶林等。主食小型鸟类、鼠和昆虫。

保护级别： 国家二级保护野生动物。

苍鹰

Accipiter gentilis

鹰形目 鹰科

形态特征： 体长约56cm。成鸟具白色的宽眉纹，耳羽黑色，上体灰褐色，飞羽有暗褐色横斑，尾灰褐色、具黑褐色横斑，喉部有黑褐色细纹及暗褐色斑，胸、腹、两胁和覆腿羽布满较细的横纹。幼鸟眉纹不明显，耳羽褐色，上体褐色浓重，羽缘色浅成鳞状纹，下体具偏黑色粗纵纹。

生活习性： 栖息于疏林、林缘和灌丛地带。捕食鼠、野兔和鸟类等。

保护级别： 国家二级保护野生动物。

白头鹞

^{yào}

Circus aeruginosus

鹰形目 鹰科

形态特征：体长约50cm。雄鸟头顶白，后颈淡黄白色或棕白色，上体栗褐色或铜锈色，尾羽银灰褐色、端缘较浅淡，肩皮黄色，初级覆羽和外侧大覆羽银灰色，外侧初级飞羽黑褐色，下体颏、喉和上胸淡黄色或皮黄色并具暗褐色纵纹，其余下体棕栗褐色或锈色。雌鸟暗褐色，头至枕部和喉皮黄白色或淡黄白色，飞羽和尾羽暗褐色。

生活习性：栖息于水边草地或沼泽地。主食小型鸟类、鸟卵、鼠、蛙、蜥蜴和蛇等，也吃动物尸体。

保护级别：国家二级保护野生动物。

白腹鹞

Circus spilonotus

鹰形目 鹰科

形态特征： 体长约50cm。雄鸟上体上部白色、具宽阔的黑褐色纵纹，下部黑褐色、具污灰白色或淡棕色斑点，尾羽银灰色，下体白色，喉和胸具黑褐色纵纹，覆腿羽和尾下覆羽白色、具淡棕褐色斑或斑点。雌鸟上体褐色、具棕红色羽缘，头至后颈乳白色或黄褐色、具暗褐色纵纹，尾羽银灰色微有棕色、具黑褐色横斑，下体黄白色或白色、具宽的褐色羽干纹，覆腿羽和尾下覆羽白色、具淡棕褐色斑。

生活习性： 栖息于沼泽、江河与湖泊沿岸等较潮湿而开阔的地带。主食鸟、鼠、蛙、蜥蜴、蛇、野兔和大的昆虫，也吃动物尸体。

保护级别： 国家二级保护野生动物。

白尾鹞
^{yào}

Circus cyaneus

鹰形目 鹰科

形态特征：体长约50cm。雄鸟头顶灰色，耳羽后下方有皱领，上体蓝灰色，有时微沾褐色，下体颔、喉和上胸蓝灰色，其余纯白色。雌鸟上体暗褐色，头至后颈、颈侧和翅覆羽具棕黄色羽缘、耳后有皱翎，尾具黑褐色横斑，下体皮棕白色或皮黄白色、具红褐色或棕黄色纵纹，缀以暗棕褐色纵纹。

生活习性：栖息于平原和低山丘陵地带，尤其是平原上的湖泊、沼泽、河谷、草原、荒野及林间沼泽。主食小型鸟类、鼠、蛙、蜥蜴和大型昆虫等。

保护级别：国家二级保护野生动物。

草原鹞

Circus macrourus

鹰形目 鹰科

形态特征：体长约46cm。雄鸟头白色，上体灰色，头顶、背和翅上覆羽均缀有褐色，翼尖具黑色的小楔形斑。雌鸟体型稍大，上体褐色，头至后颈淡黄褐色，尾羽端缘黄褐色，下体颏和胸部皮黄白色、具宽阔的褐色羽干纵纹。

生活习性：栖息于平原及低山丘陵地带的草地和森林。主食鼠、野兔、蜥蜴、鸟类和鸟卵。

保护级别：国家二级保护野生动物。

鹊鹞
^{yào}

Circus melanoleucos

鹰形目 鹰科

形态特征：体长约42cm。雄鸟上体黑色，内侧初级飞羽、次级飞羽和大覆羽银灰色，翅上小覆羽白色，腰及尾上覆羽白色、具银灰色光泽，尾银灰色沾褐色，下体颏、喉至上胸黑色，下胸、腹、胁、覆腿羽、尾下覆羽、翅下覆羽和腋羽均为纯白色。雌鸟上体暗褐色，头缀以棕白色羽缘，背和肩具窄的棕色羽缘，尾羽灰褐色、具黑褐色横斑，翅外侧飞羽暗褐色、具黑褐色斑纹，内侧飞羽灰褐色、具暗褐色横斑纹，初级覆羽灰褐色，下体污白色、具黑褐色纵纹。

生活习性：栖息于开阔的低山、丘陵和平原地带的草地、河谷、沼泽、林缘灌丛和沼泽地。主食鸟、鼠、蛙、蜥蜴、蛇和昆虫等。

保护级别：国家二级保护野生动物。

乌灰鹞
^{yào}

Circus pygargus

鹰形目 鹰科

形态特征：体长约46cm。雄鸟上体石板蓝灰色，额、喉和上胸暗蓝灰色，下胸、腹和两胁白色、具棕色纵纹，外侧初级飞羽黑色，其余初级飞羽和次级飞羽灰色，次级飞羽上面具一条黑色横带，下面具两条黑色横带，翼下覆羽白色、具模糊的红褐色纵纹。雌鸟上体暗褐色，腰白色，下体皮黄白色、具较粗的暗红褐色纵纹，尾上覆羽白色而具暗色横斑，颈部皱翎不明显。

生活习性：栖息于低山、丘陵和平原地带的河流、湖泊、沼泽和林缘灌丛等开阔地带。主食鼠、蛙、蜥蜴和大的昆虫，也吃小型鸟类和鸟卵。

保护级别：国家二级保护野生动物。

黑鸢 ^{yuān}

Milvus migrans

鹰形目 鹰科

形态特征： 体长约55cm。上体暗褐色，尾棕褐色呈浅叉状、具黑褐相间横带，翼下有一大白色斑，下体颏、颊和喉灰白色，胸、腹及两胁暗棕褐色、具粗的黑褐色羽干纹，下腹至肛部羽毛稍浅淡，呈棕黄色，翅上覆羽棕褐色。

生活习性： 栖息于开阔平原、低山和丘陵地带。主食小型鸟类、鼠、蛇、蛙、鱼、野兔、蜥蜴和昆虫等。

保护级别： 国家二级保护野生动物。

栗鸢
^{yuān}

Haliastur indus

鹰形目 鹰科

形态特征： 体长约45cm。头、颈、胸和上背白色，其余均为栗色，初级飞羽黑色，尾圆形。

生活习性： 栖息于江河、湖泊、水塘、沼泽、沿海海岸和邻近的城镇与村庄。主食蟹、蛙、鱼等，也吃昆虫、虾、蜥蜴、小型鸟类和鼠。

保护级别： 国家二级保护野生动物。

白腹海雕
Haliaeetus leucogaster

鹰形目 鹰科

形态特征：体长约70cm。头部、颈部和下体都是白色，背部为黑灰色，尾褐色、端部白色、呈楔形。飞翔时从下面看，通体除飞羽和尾羽的基部为黑色外，其余全部为白色。

生活习性：栖息于海岸及河口地区，有时也出现在离海岸不远的丘陵和水库上空。主食鱼、海龟和海蛇。

保护级别：国家一级保护野生动物。

白尾海雕

Haliaeetus albicilla

鹰形目 鹰科

形态特征：体长约85cm。头、胸浅褐色，后颈羽毛为长披针形，背以下上体暗褐色，尾纯白色、较短、呈楔状，下体额、喉淡黄褐色，胸部羽毛呈披针形、淡褐色。

生活习性：栖息于湖泊、河流、海岸、岛屿及河口地区。主食鱼类，也吃鸟类等，有时还吃动物尸体。

保护级别：国家一级保护野生动物。

灰脸鵟^{kuáng}鹰

Butastur indicus

鹰形目 鹰科

形态特征： 体长约45cm。上体暗棕褐色，尾灰褐色、具有3道宽的黑褐色横斑，脸颊和耳区灰色，眼先和喉部均白色，喉部还具有宽的黑褐色中央纵纹，胸褐色而具黑色细纹，胸部以下为白色、具较密的棕褐色横斑，眼黄色，嘴黑色，嘴基部和蜡膜为橙黄色，跗跖和趾为黄色，爪为角黑色。

生活习性： 栖息于常绿阔叶林、针阔混交林和针叶林。主食蛇、蛙、蜥蜴、鼠、野兔和鸟等。

保护级别： 国家二级保护野生动物。

毛脚<ruby>鵟<rt>kuáng</rt></ruby>

Buteo lagopus

鹰形目 鹰科

形态特征： 体长约54cm。头白色、缀黑褐色羽干纹，上体褐色，羽缘淡色，飞羽灰褐色、具暗褐色横斑，下背和肩部常缀近白色的不规则横带，尾圆而不分叉，翼角具黑斑，脚趾有丰厚的羽毛覆盖。

生活习性： 栖息于低山丘陵地带的稀疏针阔混交林及周边开阔地区。主食鼠和小型鸟类。

保护级别： 国家二级保护野生动物。

大<ruby>鵟<rt>kuáng</rt></ruby>

Buteo hemilasius

鹰形目 鹰科

形态特征：体长约70cm。上体暗褐色，肩和翼上覆羽缘淡褐色，翅暗褐色，翅下飞羽基部有白斑，头和颈部羽色稍淡，眉纹黑色，尾淡褐色、具6条淡褐色和白色横斑，下体淡棕色、具暗色羽干纹及横纹，覆腿羽暗褐色。

生活习性：栖息于山地、平原地带。主食鼠、蛙、蜥蜴、野兔、蛇、小型鸟类和昆虫等。

保护级别：国家二级保护野生动物。

普通鵟 ^{kuáng}

Buteo japonicus

鹰形目 鹰科

形态特征： 体长约55cm。上体深红褐色，脸皮黄色具红色细纹，栗色的髭纹显著，下体主要为暗褐色或淡褐色、具深棕色横斑或纵纹，尾羽为淡灰褐色、具多道暗色横斑。飞翔时两翼宽阔，在初级飞羽的基部有明显的白斑，翼下为肉色，仅翼尖、翼角和飞羽的外缘为黑色或者全为黑褐色，尾羽呈扇形散开。

生活习性： 主要栖息于山地森林和林缘地带。主食鼠。

保护级别： 国家二级保护野生动物。

黄嘴角鸮

Otus spilocephalus

鸮形目 鸱鸮科

形态特征： 体长约18cm。成鸟上体棕褐色而缀以黑褐色虫蠹细纹，面盘暗黄色有褐色细纹，头顶有浅土黄色而镶有暗缘的斑点，后颈领圈不明显，肩部有大型白色斑点，尾羽棕栗色。下体灰棕褐色并有白色、浅黄色、棕色等斑杂的虫蠹斑，虹膜黄色，嘴黄色，跗跖灰黄褐色。

生活习性： 生活在1000—3000m 的高山常绿林中，营夜行生活。主食昆虫。

保护级别： 国家二级保护野生动物。

领角鸮

^{xiāo}

Otus lettia

鸮形目 鸱鸮科

形态特征: 体长约24cm。成鸟上体及两翅灰褐色、具黑褐色虫蠹状细斑和棕白色斑,具明显翎领,肩羽及翅上外侧覆羽的端部有大型浅棕色或白色斑,尾羽横贯6道棕色而杂以黑点的横斑,额和面盘白色稍缀以黑褐色细点,具明显耳羽簇,额和喉白色。下体全部灰白色,满杂黑褐色羽干纹及浅棕色的波状横斑,趾部披羽,虹膜黄色,嘴角色沾绿,爪黄色。

生活习性: 栖息于村庄附近浓密的大榕树等地,夜行性。主食昆虫。

保护级别: 国家二级保护野生动物。

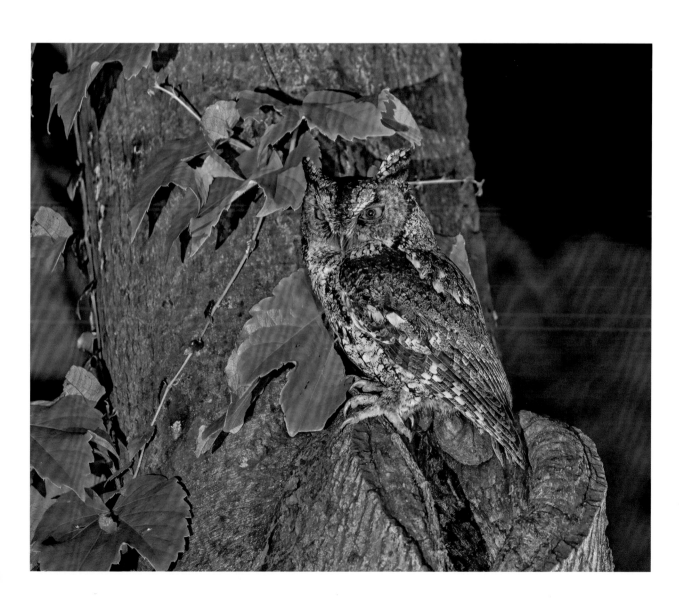

红角鸮

Otus sunia

鸮形目 鸱鸮科

形态特征：体长约20cm。成鸟上体棕黄色、满布暗褐色狭细的虫蠹状斑纹，头顶具黑褐色羽干纹和黄白色块斑，肩羽围以黑褐色的大型白斑，眼先白色，羽须发达呈暗褐色，面盘沙黄且杂白色和黑色斑纹，额白色，喉和胸部棕黄、具黑色羽干纹及暗褐色虫蠹状斑纹。下体余部几呈白色、具暗褐色和沙黄色相杂的虫蠹状斑及黑色羽干纹，跗跖被羽沙黄，虹膜黄色，嘴暗绿色，下嘴先端近黄色。

生活习性：栖息于靠近水源的河谷林地。主食昆虫。

保护级别：国家二级保护野生动物。

雕鸮
xiāo

Bubo bubo

鸮形目 鸱鸮科

形态特征： 体长约69cm。成鸟耳簇羽突出于头顶两侧、外黑内棕，眼上方有一大黑斑，面盘淡棕白色杂以褐色细斑，皱领棕色而端部缀黑，头顶黑褐色杂以黑色波状细斑，后颈和上背棕色贯以黑褐色羽干纹，肩、下背及三级飞羽呈砂灰色并杂以棕色和黑褐色斑，喉部具白色喉斑，胸、胁部有浓密浅黑色条纹，腹部及尾下覆羽有狭小黑色横斑，腿覆羽及尾下覆羽微杂以褐色细横斑。虹膜金黄色，嘴和爪均暗铅色而具黑端。

生活习性： 栖息于山地林木、裸露的岩石丛中或峭壁上。主食鼠。

保护级别： 国家二级保护野生动物。

黄腿渔鸮 ^{xiāo}

Ketupa flavipes

鸮形目 鸱鸮科

形态特征： 体长约61cm。成鸟头和耳簇羽橙棕色，眼先白，颊、耳羽和颏均橙棕色而具黑色羽干纹，喉部有一大型白色喉斑，上体橙棕色、具宽阔黑褐色羽干纹，飞羽及尾羽暗褐色并有橙棕色横斑及羽端斑。下体至尾下覆羽橙棕色、具宽阔黑褐色羽干纹，覆腿羽为橙棕色绒状羽。跗跖后缘1/3披羽，前缘披羽过半。

生活习性： 分布于1000m以下靠近溪流的林区中。主食鱼和鼠等。

保护级别： 国家二级保护野生动物。

褐林鸮

Strix leptogrammica

鸮形目 鸱鸮科

形态特征： 体长约50cm。通体栗褐色，有白色或棕白色眉纹，眼圈黑色，面盘棕褐色，肩、翅及翅上覆羽有黄白色横斑及白色羽端斑，额黑褐色，喉斑纯白，其余下体皮黄色，遍布狭窄褐色横斑，覆腿羽浅茶黄色，跗跖披羽至趾、浅黄色，褐色横斑更为细密。

生活习性： 栖息于稠密的树林内。主食鼠和小型鸟类。

保护级别： 国家二级保护野生动物。

灰林鸮
^{xiāo}

Strix aluco

鸮形目 鸱鸮科

形态特征： 体长约43cm。头圆，面盘橙棕色，眼先及眼的上方白色，无耳羽簇，喉白色，上体一般羽色黑褐色、具橙棕色横斑及点斑，尾羽暗褐色、先端有灰白色羽端斑和6道棕色横斑，外侧翅上覆羽具翼斑。下体白色或皮黄色，有浓密条纹及细小虫蠹纹。

生活习性： 栖息于沟谷地带栎林或针叶树上。主食鼠。

保护级别： 国家二级保护野生动物。

领鸺鹠
<small>xiū liú</small>

Glaucidium brodiei

鸮形目 鸱鸮科

形态特征： 体体长约16cm。成鸟上体灰褐色而具浅橙黄色横斑，颈圈浅色、具白或皮黄色的小型"眼状斑"，上体浅褐色、具橙黄色横斑，头顶灰色，无耳羽簇，颏及前额白色，喉部有一栗褐色块斑，下体白色，两胁有宽阔棕褐色纵纹及横纹。

生活习性： 栖息于林缘开阔地带。主食鼠、小型鸟类和昆虫。

保护级别： 国家二级保护野生动物。

斑头鸺鹠
^{xiū liú}

Glaucidium cuculoides

鸮形目 鸱鸮科

形态特征： 体长约24cm。成鸟头和上体暗褐色，密布狭细的棕白色横斑，眼上有短狭的白色眉纹，无耳羽簇，额和喉部白色，喉上部中央块斑暗褐色并杂以棕白色细小横斑，上腹和两胁与喉部块斑同色，下腹白而有稀疏的褐色粗纹。

生活习性： 栖息于常绿阔叶林。主食昆虫、小型鸟类和鼠。

保护级别： 国家二级保护野生动物。

日本鹰鸮
^{xiāo}

Ninox japonica

鸮形目 鸱鸮科

形态特征：体长约30cm。成鸟头、颈灰褐色，无显著的面盘、翎领和耳羽簇，上体暗棕褐色，两眼之间具白斑，肩部有白色斑，喉部和前颈为皮黄色而具有褐色的条纹，下体白色，有明显宽而纵向的棕色条纹和水滴状的红褐色斑点。虹膜金黄色，嘴灰黑色，脚黄色，跗跖被羽，趾裸出、肉红色，爪黑色。

生活习性：栖息于森林。主食昆虫，也吃蛙、蜥蜴、小型鸟类、鼠和蝙蝠等。

保护级别：国家二级保护野生动物。

长耳鸮
^{xiāo}

Asio otus

鸮形目 鸱鸮科

形态特征： 体长约36cm。成鸟面盘圆且发达，前额白色与褐色相杂，眼的上下缘均黑色，面盘的侧部棕黄色，皱领白而羽端缀黑褐色，耳羽簇发达呈黑褐色，上体棕黄色及黑褐色斑纹相杂，肩羽和大覆羽端处有棕色或棕白色圆斑，下体棕黄色并杂以黑褐色、有横枝的纵纹，趾披密羽。

生活习性： 栖息于阔叶林和针叶林中，夜行性鸟类。主食鼠和小型鸟类。

保护级别： 国家二级保护野生动物。

短耳鸮

Asio flammeus

鸮形目 鸱鸮科

形态特征： 体长约38cm。成鸟面盘发达，眼周黑色，眼先及内侧眉部白色，面盘余羽棕黄色并杂以黑色羽干狭纹，耳羽短小不外露、黑褐色，皱领稍白，上体棕黄色并有黑色、皮黄色斑点及条纹，下体黄色、有黑色纵纹。

生活习性： 栖息于沼泽地带。主食鼠、小型鸟类和昆虫。

保护级别： 国家二级保护野生动物。

草鸮
^{xiāo}

Tyto longimembris

鸮形目 草鸮科

形态特征：体长约35cm。成鸟面盘棕色，眼先有一大黑斑，面盘周围有暗栗翎领，下面的翎羽镶有暗褐色细边。上体暗褐色、具棕黄色斑纹并有细小的白色斑点；下体黄白色并散布有许多褐色斑点。尾白而具褐色横斑，跗跖披密羽。

生活习性：栖息于山坡草地或开旷草地。主食鼠和小型鸟类。

保护级别：国家二级保护野生动物。

中文名索引

拉丁学名索引

参考文献

傅桐生, 宋榆钧, 高玮, 等 . 1998. 中国动物志 鸟纲 第十四卷 雀形目 (文鸟科, 雀科)[M]. 北京 : 科学出版社 .

高玮 . 2002. 中国隼形目鸟类生态学 [M]. 北京 : 科学出版社 .

李桂垣, 郑宝赉, 刘光佐 . 1982. 中国动物志 鸟纲 第十三卷 雀形目 (山雀科 绣眼鸟科)[M]. 北京 : 科学出版社 .

刘伯锋 . 2003. 福建沿海湿地鸻鹬类资源调查 [J]. 动物学杂志 , 38(6):72-75.

刘伯锋 . 2005. 中国鸟类一新记录种——黑背信天翁 [J]. 动物分类学报 ,30(4):859-860.

刘阳, 危骞, 董路, 等 . 2013. 近年来中国鸟类野外新纪录的解析 [J]. 动物学杂志 , 48(5): 750-758.

鲁长虎, 费荣梅 . 2003. 鸟类分类与识别 [M]. 哈尔滨 : 东北林业大学出版社 .

谭耀匡, 关贯勋 . 2003. 中国动物志 鸟纲 第七卷 夜鹰目 雨燕目 咬鹃目 佛法僧目 鴷形目 [M]. 北京 : 科学出版社 .

唐兆和, 陈友铃 . 1996. 福建省鸟类区系研究 [J]. 福建师范大学学报 : 自然科学版 , 12(2): 11.

王岐山 . 马鸣 . 高育仁 . 2006. 中国动物志 鸟纲 第五卷 鹤形目 鸻形目 鸥形目 [M]. 北京 : 科学出版社 .

杨洋 . 2018. 福建师范大学馆藏鸟类标本信息及福建省珍稀鸟类分布格局 [D]. 福州 : 福建师范大学 .

尹琏, 费嘉伦, 林超英 . 2008. 香港及华南鸟类 [M]. 香港 : 政府新闻处 .

约翰 马敬能, 卡伦 菲利普斯, 何芬奇 . 2000. 中国野生鸟类手册 [M]. 长沙 : 湖南教育出版社 .

赵正阶 . 2001. 中国鸟类志——非雀形目 [M]. 长春 : 吉林科学技术出版社 .

赵正阶 . 2001. 中国鸟类志——雀形目 [M]. 长春 : 吉林科学技术出版社 .

郑宝赉 . 1985. 中国动物志 鸟纲 第八卷 雀形目 (阔嘴鸟科 和平鸟科)[M]. 北京 : 科学出版社 .

郑光美 . 2017. 中国鸟类分类与分布名录 .3 版 [M]. 北京 : 科学出版社 .

郑作新, 龙泽虞, 郑宝赉 . 1987. 中国动物志 鸟纲 第十一卷 雀形目 鹟科 : II 画眉亚科 [M]. 北京 : 科学出版社 .

郑作新, 寿振黄, 傅桐生, 等 . 1987. 中国动物图谱 鸟类 [M]. 北京 : 科学出版社 .

郑作新, 冼耀华, 关贯勋 . 1991. 中国动物志 鸟纲 第六卷 鸽形目 鹦形目 鹃形目 鸮形目 [M]. 北京 : 科学出版社 .

郑作新, 等 . 1978. 中国动物志 鸟纲 第四卷 鸡形目 [M]. 北京 : 科学出版社 .

郑作新, 等 . 1979. 中国动物志 鸟纲 第二卷 雁形目 [M]. 北京 : 科学出版社 .

郑作新, 等 . 1997. 中国动物志 鸟纲 第一卷 第一部 中国鸟纲绪论 第二部 潜鸟目 鹳形目 [M]. 北京 : 科学出版社 .

周冬良 , 余希 , 郑丁团 . 2006. 福建鸟类新纪录——白腹军舰鸟 [J]. 野生动物 ,27(5):22-22.

周冬良 . 2020. 福建省鸟类种数的最新统计 [J]. 福建林业科技 , 47(4): 6.